高等学校新能源科学与工程专业教材

风力发电原理与技术

主 编　韩巧丽　马广兴
副主编　李　明　王　涛
参　编　闫彩霞　吕　麟

中国轻工业出版社

图书在版编目（CIP）数据

风力发电原理与技术/韩巧丽，马广兴主编. —北京：中国轻工业出版社，2023.1

普通高等教育"十三五"规划教材. 高等学校新能源科学与工程专业教材

ISBN 978-7-5184-1870-1

Ⅰ.①风…　Ⅱ.①韩…②马…　Ⅲ.①风力发电—高等学校—教材Ⅳ.①TM614

中国版本图书馆CIP数据核字（2018）第033292号

责任编辑：王　韧

策划编辑：江　娟　责任终审：劳国强　封面设计：锋尚设计
版式设计：王超男　责任校对：吴大鹏　责任监印：张　可

出版发行：中国轻工业出版社（北京东长安街6号，邮编：100740）

印　　刷：三河市万龙印装有限公司

经　　销：各地新华书店

版　　次：2023年1月第1版第2次印刷

开　　本：787×1092　1/16　印张：11.25

字　　数：270千字

书　　号：ISBN 978-7-5184-1870-1　定价：45.00元

邮购电话：010-65241695

发行电话：010-85119835　传真：85113293

网　　址：http://www.chlip.com.cn

Email：club@chlip.com.cn

如发现图书残缺请与我社邮购联系调换

221664J1C102ZBQ

前　言

能源是人类生存、社会发展的重要物质基础。人类利用能源经历了柴草时期、煤炭时期和石油时期，随着社会生产力的提高，消耗能源量也在增加。目前，人类依靠的能源主要是煤炭、石油等化石能源，化石能源面临逐渐枯竭的危机，也会对生态环境造成污染。能源与环境问题已经成为可持续发展面临的主要问题，日益引起国际社会的广泛关注。风能作为一种重要的可再生能源，具有清洁、无污染、安全、储量丰富等特点，受到了各国的普遍重视。风力发电是最具规模化开发利用条件的清洁、可再生能源之一。近年来，风力发电技术发展迅速，全世界的风电装机容量也快速增长，我国已经成为世界上风力发电发展较快的国家之一。

本书在介绍与风电有关的基础知识和风电机整体结构的基础上，系统阐述了风能资源与转换原理、机组设备与结构、风电场运行与维护等内容。通过阅读本书，可使广大读者了解风力发电的技术现状和发展趋势，理解风力发电的基本原理与技术。由于风力发电技术涉及多学科的内容，考虑到不同专业知识背景的读者，本书以最基本的原理和概念为主，减少烦琐的数学推导，力求理论联系实际，内容通俗易懂。鉴于风力发电技术发展迅速，本书重点围绕目前主流的并网风电系统展开，对风力发电领域其他的相关技术和设备只做简要介绍。本书既可以作为高等院校"新能源科学与工程"专业和其他相近专业的教材，也可供从事风力发电领域的工程技术人员参考。

全书共 7 章，其中第一章介绍风力发电技术的相关背景；第二章介绍风特性及风能；第三章介绍风力机的空气动力学；第四章介绍风电机组的结构；第五章介绍风电机组的控制及安全保护；第六章介绍风电场的控制与运行；第七章介绍风电场的规划与设计。

本书第一章、第三章由韩巧丽编写，第二章由马广兴编写，第四章和第七章由王涛和李明合作编写，第五章和第六章由闫彩霞和吕麟合作编写。李汪灏、邢为特、张正参与了部分内容的文字整理工作。

本书在编写过程中，参考了国内外有关文献资料，在此谨向相关文献资料的作者表示诚挚的谢意。

由于编者水平所限，书中难免有不妥和疏漏之处，恳请广大读者批评指正。

编者

2018 年 1 月

目 录

第一章 绪 论

大自然在几百万年，甚至几亿年漫长岁月中造就的石油、煤炭、天然气等化石能源，是目前人类社会的主体能源，为人类的文明、进步做出了巨大贡献。但是，化石能源是有限的，是不可再生的能源。可以预见，人类在利用化石能源推进现代文明的同时，将面临能源与资源枯竭、污染环境、生态平衡破坏等一系列问题。从化石能源向可再生能源过渡的时期，科学技术支撑着向新能源转型，体现着国家的经济实力。风能是一种取之不尽、用之不竭、对大气无污染、不破坏生态平衡的自然资源，很早以前就被用来为人类造福。加快发展风电已成为国际社会推动能源转型发展、应对全球气候变化的普遍共识和一致行动。

2000 年，风电占欧洲新增装机的 30%；2007 年，风电占美国新增装机的 33%；2015年，风电在丹麦、西班牙和德国用电量中的占比分别达到 42%、19% 和 13%。随着全球发展可再生能源的共识不断增强，风电在未来能源电力系统中将发挥更加重要的作用。美国提出到 2030 年 20% 的用电量由风电供应，丹麦、德国等国把开发风电作为实现 2050 年高比例可再生能源发展目标的核心措施。随着全球范围内风电开发利用技术的不断进步及应用规模的持续扩大，风电开发利用成本也在逐年降低。

"十三五"时期是我国能源发展战略的重要时期。为实现 2020 年和 2030 年非化石能源分别占一次能源消费比例 15% 和 20% 的目标，推动能源结构转型升级，促进风电产业持续健康发展，按照《可再生能源法》要求，根据《能源发展"十三五"规划》和《可再生能源发展"十三五"规划》，到 2020 年年底，风电累计并网装机容量确保达到 $2.1 \times 10^8 kW$ 以上，其中海上风电并网装机容量达到 $500 \times 10^4 kW$ 以上；风电年发电量确保达到 $4200 kW \cdot h$，约占全国总发电量的 6%。为有效解决弃风问题，在充分挖掘本地风电消纳能力的基础上，借助"三北"地区已开工建设和明确规划的特高压跨省区输电通道，在落实消纳市场的前提下，最大限度地输送可再生能源，扩大风能资源的配置范围，促进风电消纳。优化风电调度运行管理，建立辅助服务市场，加强需求侧管理和用户响应体系建设，提高风电功率预测精度并加大考核力度，在发电计划中留足风电电量空间，合理安排常规电源开机规模和发电计划，将风电纳入电力平衡和开机组合，鼓励风电等机组通过参与市场辅助服务和实时电价竞争等方式，逐步提高系统消纳风电的能力。

第一节 风能利用及风力发电的历史

风能是人类最早使用的能源之一，利用方式有风帆助航、风力提水、风力磨面。最初的古代风机是一种简单的垂直轴风力机，公元 644 年波斯人制造了立轴式磨面用风力机，图 1-1 为古代风力机。后来又出现了一种水平轴风力机，它的风轮具有十根梁，其间用张线固定，每根梁上有一块小帆布。至 20 世纪 80 年代在江苏一带还可见到竹木帆布结构的风力机。这种风力机在农田灌溉和盐池提水方面仍起重要作用。

　　到公元 11 世纪，在中东，古代风力机应用很广泛；13 世纪，这种风力机传到了欧洲；14 世纪，荷兰率先改进了古代风力机，并广泛利用这种改进后的风力机为莱茵河三角洲的沼泽地和湖泊抽水；16 世纪，荷兰先后建造了当时的第一个制油厂、第一个造纸厂以及锯木厂，这些都是利用风力作动力的；19 世纪中叶，在荷兰有 9000 台传统风力机在运行，图 1-2 为中世纪传统风力机。中国宋朝是风力机的全盛时期，当时流行着垂直轴天津风车。美国中西部的多叶式风力提水机，叶片由金属制成，风轮直径 3～5m，功率 500～1000W，在 18 世纪末曾多达数百万台。

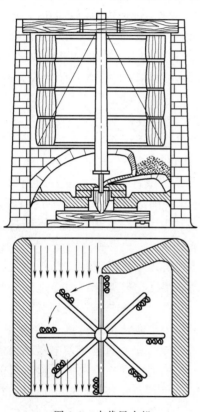

图 1-1　古代风力机

图 1-2　中世纪传统风力机

　　1891 年丹麦物理学家 Poul la Cour 进行了风洞实验，研制成功了 30kW 左右的风电机，叶片数少，转速高，如图 1-3 所示。19 世纪末，丹麦拥有 3000 台工业用的风力机和30000 台用于家庭和农场的风力机。1908 年丹麦已建成几百个小型风力发电站。自 20 世纪初至 20 世纪 60 年代末，一些国家对风能资源的开发，尚处于小规模的利用阶段。从 50年代到 60 年代，中国研制了 10 多种风力机，最大的已超过 30kW。从 60 年代开始研制的小型风力提水机，有 30 种不同型号，对我国开发利用风能起了积极作用。小型风力提水机如图 1-4 所示，应用较多的小型风电机组如图 1-5 所示。

　　1970 年以前国际上研制的 100kW 级及以上的风电机组，包括美国在 1941 年投入运行的机组，额定功率 1250kW，额定风速 13.5m/s，叶片数 2 个，叶片由铁质材料制成，直径达 53m，进行变桨距控制，机组运行到 1945 年；丹麦在 1957 年投入运行的机组，额定

图 1-3 30kW 风电机

图 1-4 小型风力提水机

功率 200kW，额定风速 15m/s，叶片数 3 个；英国、法国、德国等也进行了大型机组研制。

随着大型水电、火电机组的采用和电力系统的发展，1970 年以前研制的中、大型风电机组因造价高和可靠性差而逐渐被淘汰，到 20 世纪 60 年代末相继都停止了运转。这一阶段的试验研究表明，这些中、大型机组一般在技术上还是可行的，它为 20 世纪 70 年代后期的大发展奠定了基础。

1973 年，国际上出现了石油危机，不少国家面临能源短缺的困境，为此提出了能源多样化发展战略，因而风能的研究和开发工作得到了重视。美国、荷兰、丹麦、英国、德国、日本、加拿大等国都对大力开发风能制定了规划，制定了采取扶持资助的鼓励性政策和法规。中国也开始重视风能的研究和开发。美国 Mod-0 风电机组 1975 年投入运行，风轮直径 38m、功率 100kW。1975 年 5 月，Mod-1 型风电机投入运行，其额定功率为 2000kW，风轮

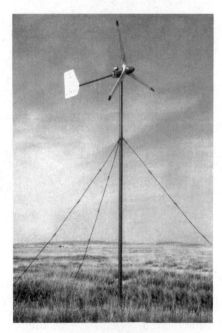

图 1-5 小型风电机组

直径 61m，如图 1-6 所示。直到 1987 年投入 Mod-5B 机组，风轮直径 97.5m、功率 2.5MW，如图 1-7 所示。加拿大研究垂直轴风电机组达到了 4MW。1981 年，美国研究了

图 1-6 Mod-1 型风电机

图 1-7 Mod-5B 风电机

新型 3MW 水平轴风电机组，该机组利用液压驱动进行偏航对风。在一段时间内最佳叶片数没有确定，单叶片、双叶片、三叶片均有，后来出现了"丹麦型"风电机组，具有三叶片、叶片失速调节和恒速运行感应发电机的传动系统，成功应用在百瓦级风电机组。随着机组容量的增加，为提高风能利用率，兆瓦级以上机组采用变速变桨运行控制方式。

1980 年以来，国际上风电机技术日益走向商业化。主要机组容量有 300kW、600kW、750kW、850kW、1MW、2MW。1991 年丹麦建成了世界上第一个海上风电场，由 11 台丹麦 Bonus 450kW 单机组成，总装机容量 4.95MW，如图 1-8 所示。随后荷兰、瑞典、英国相继建成了自己的海上风电场。

图 1-8　丹麦海上风电

2004 年年底，已经具备离岸风力发电设备商业生产能力的厂家主要有丹麦的 Vestas（包括被其整合的 NEG-Micon），美国的 GE 风能，德国的 Nordex、Repower、Pfleiderer/Prokon、Bonus 和德国著名的 Enercon 公司。单机额定功率覆盖范围从 2MW、2.3MW、3.6MW、4.2MW、4.5MW 到 5MW，叶轮直径从 80m、82.4m、100m、110m、114m、116m 到 126.5m，风电机大型化、巨型化趋势十分明显。

据世界风能协会统计，2005—2015 年世界风电装机容量和新增风电装机如图 1-9 所示。2015 年全世界新增风电装机 6.3×10^4 MW。其中，我国 2015 年新增加 3.074×10^4 MW，总计装机 14.5362×10^4 MW，位居世界风力发电总计装机容量第一名。此外，美国新增风电装机容量 8598MW，总装机容量 7.4471×10^4 MW，位居总计风力发电装机容量第二名；德国新增 6013MW，总装机容量 4.4947×10^4 MW，成为了全球风电机组总计装机容量第三位。

我国于 2005 年 2 月 28 日，全国人大通过了《可再生能源法》，2006 年 1 月 1 日开始施行。2005 年我国国内生产的 600kW 和 750kW 风电机组占当年装机容量的 28%。由科技部 863 项目支持的沈阳工业大学风能研究所自行研制开发的 1.0MW 双馈变速恒频型风

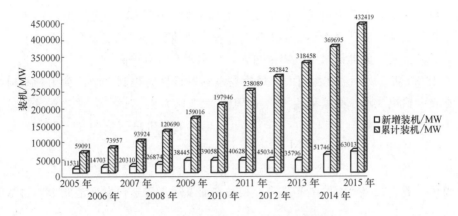

图 1-9 2005—2015 年世界风电装机容量

电机组和金风科技股份有限公司与国外公司联合研发的 1.2MW 永磁直驱型风电机组第一台样机分别投入运行，经改进后的第二台样机在 2006 年投入使用。由国内企业引进技术生产的 1.5MW 变速恒频风电机组也已投入运行。

"十二五"期间，我国风电新增装机容量连续五年领跑全球，累计新增 $9800 \times 10^4 kW$，占同期全国新增装机总量的 18%，在电源结构中的比例逐年提高。中东部和南方地区的风电开发建设取得积极成效。到 2015 年年底，全国风电并网装机达到 $1.29 \times 10^8 kW$，年发电量 $1863 \times 10^8 kW \cdot h$，占全国总发电量的 3.3%，比 2010 年提高 2.1 个百分点。风电已成为我国继煤电、水电之后的第三大电源。

根据中国风能协会的初步统计，我国在 2015 年全年新增机组安装量为 16740 台，新增装机容量约为 $3.074 \times 10^4 MW$，历年总计安装台数为 93000 万台，历年总计装机容量约为 $14.5362 \times 10^4 MW$，如图 1-10 所示。

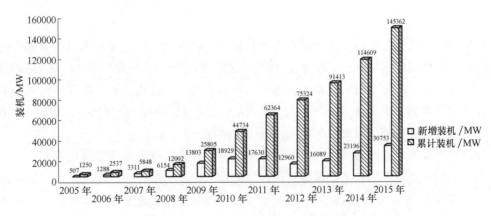

图 1-10 2005—2015 年我国风电装机容量

发展海上风电是国际上风电发展的一个方向。世界上对海上风电的研究与开发始于 20 世纪 90 年代，经过多年的发展，海上风电技术正日趋成熟，并开始进入规模开发阶段。海上风电场一般都在水深 10m、距海岸线 10km 左右的近海大陆架区域建设。与陆上相比，海上风电机组必须牢固地固定在海底，其支撑结构（主要包括塔架、基础和连接等）要求更加坚固。所发电能需要铺设海底电缆输送，加之建设和维护工作需要使用专业船只和设备，所以海上风电的建设成本一般是陆上风电的 2～3 倍。海上风电场的优点主要是不占用宝贵的土地资源，基本不受地形地貌影响，风速更高，风能资源更为丰富，而且运输和吊装条件优越，风电机组单机容量更大，年利用小时数更高。

20 世纪 80 年代，丹麦在探讨海上风力发电的可行性时得到结论：为了弥补海上风力发电的建设和输电成本，必须采用 1～2MW 的大型风力机，而在当时尚不具备生产这样大型风力机的能力。截至 2014 年年底，世界海上风电装机总容量约 8759MW，而绝大部分（约 91%）海上风电分布在欧洲。

我国于 2007 年安装了首个海上试验风电机组平台，目前已有数个海上风电场投入运行。但总体上看，我国海上风电起步晚，相关产业发展不成熟，发展道路上的挑战和机遇并存。

我国拥有漫长的海岸线，海上风能资源丰富。根据 2009 年国家气候中心的评估结果，离岸 50km 范围内的可开发风能资源为 $7.58 \times 10^8 \mathrm{kW \cdot h}$。丰富的海上风能为我国的海上风电开发提供了可能性，经过数年发展，我国海上风电已经初具规模。2007 年到 2016 年年底海上风电装机总容量从 1.5MW 发展到 1627MW。

到 2014 年年底，除了试验风电项目外，我国业已建成数个规模化的海上风电场。其中东海大桥一期和二期风电场海域水深约为 10m，除此之外，其他已经建成的规模化风电场均位于潮间带。我国正在积累海上风电建设经验，海上风能资源测量与评估以及海上风电机组国产化已起步，海上风电建设技术规范体系也已逐步建立。

"十三五"期间重点推动江苏、浙江、福建、广东等省的海上风电建设，到 2020 年四省海上风电开工建设规模均达到百万千瓦以上，积极推动天津、河北、上海、海南等省（市）的海上风电建设，探索性推进辽宁、山东、广西等省（区）的海上风电项目。到 2020 年，全国海上风电开工建设规模达到 $1000 \times 10^4 \mathrm{kW}$，力争累计并网容量达到 $500 \times 10^4 \mathrm{kW}$ 以上。

风能领域研究领先的国家主要在欧洲，如德国、西班牙和丹麦等。这三个国家风电机组的装机容量约占欧洲总量的 84%。新兴的国家有奥地利、意大利、荷兰、瑞典和英国。欧洲之外发展风电的主要国家有美国、印度、中国和日本。风能技术发展好的国家都离不开研发机构、实验室的支持，如丹麦的 Riso 国家实验室、德国风能机构（DEWI）、美国的国家可再生能源实验室国家风能技术中心（NWTC）。

我国风电技术研发也随着风电产业而快速发展，目前已经可以自主设计开发兆瓦级风电机组。和国际先进水平相比，尽管我国在风电技术研发的系统性、基础研究领域和技术创新能力等方面仍有不足，但在风电产业快速发展和国家科技政策的有力支持下，我国完全可以在风电技术领域提高研发水平，实现自主创新和技术领先，从而提高我国在风电市场中的核心竞争力。

1986 年 4 月，山东荣成陆上风电场并网发电，是我国第一个并网发电的风电场；截至 2013 年，我国风电场分布如图 1-11 所示。

至 2013 年年底，中国（台湾省未计入）有 31 个省（直辖市）、自治区和特别行政区参加了风电场建设，累计安装并网型风电机组 63120 台，累计装机容量约 9141.29 ×

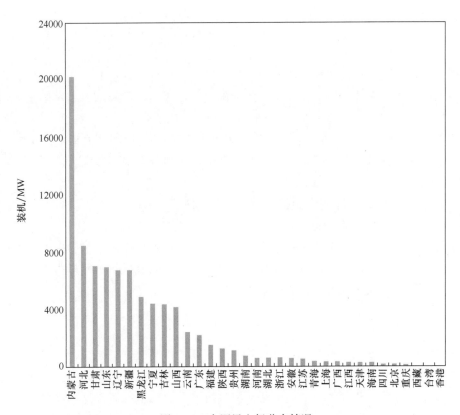

图 1-11　全国风电场分布情况

10^4kW（其中海上风电 41.9×10^4kW）。中国风电累计装机超过 600×10^4kW 的省份有 5 个，分别为内蒙古（2027.031×10^4kW）、河北（850×10^4kW）、甘肃（709.6×10^4kW）、山东（698×10^4kW）和辽宁（675.8×10^4kW），其中风力资源丰富的内蒙古在我国实现累计风电装机容量 2027.031×10^4kW，建成了辉腾锡勒、辉腾梁、巴音郭勒和赤峰等多处大型风力发电场，成为唯一一超过 2000×10^4kW 级风电装机大省。

为了更好地促进风电产业集中高效的发展，我国出台了千万千瓦（10GW）风电基地的规划，计划集中力量建成包括新疆（哈密）、甘肃省（酒泉）、内蒙古（分为内蒙古东和内蒙古西）、吉林（西部）、河北、黑龙江、山东和江苏八个省区的 9 个千万千瓦级风电基地规划，大量风电场集中在"三北"地区。

随着全球风力发电产业的发展，风电机组的装机容量不断增长。由于电网建设的滞后等因素，风电的消纳成为风电投资的主要制约因素。以 2012 年为例，2012 年一年新增加容量约 1300×10^4kW，总计装机容量 7532×10^4kW，而电网建设和负荷消纳跟不上机组的安装速度，弃风电量 208×10^8kW·h，损失巨大。

"十三五"期间，到 2020 年，预计"三北"地区在基本解决弃风问题的基础上，通过促进就地消纳和利用现有通道外送，新增风电并网装机容量 3500×10^4kW 左右，累计并网容量达到 1.35×10^8kW·h 左右。相关省（区、市）在风电利用小时数未达到最低保障性收购小时数之前，并网规模不宜突破规划确定的发展目标。借助"三北"地区已开工建设和已规划的跨省跨区输电通道，统筹优化风、光、火等各类电源配置方案，在确保消纳的基础上，鼓励各省（区、市）进一步扩大风电发展规模，鼓励风电占比较低、运行情况良好的地区积极接受外来风电。

按照"就近接入、本地消纳"的原则，发挥风能资源分布广泛和应用灵活的特点，在做好环境保护、水土保持和植被恢复工作的基础上，加快中东部和南方地区陆上风能资源规模化开发。中东部和南方地区陆上风电新增并网装机容量 $4200 \times 10^4 \, \mathrm{kW}$ 以上，累计并网装机容量达到 $7000 \times 10^4 \, \mathrm{kW}$ 以上。结合电网布局和农村电网改造升级，因地制宜推动接入低压配电网的分散式风电开发建设，推动风电与其他分布式能源融合发展。

第二节　风电机组的类型

风电机组的形式多样。一般来说，可按照风轮的旋转轴与风向的位置关系分为水平轴风力机和垂直轴风力机；按工作原理分为升力型和阻力型；根据水平轴风力机的风轮与塔架迎风先后，分为上风式风力机和下风式风力机。

一、升力型和阻力型

当分析物体受到风的作用力时，可以将该力分解成与风垂直和与风平行的两个分力，垂直方向的力称为升力，平行方向的力称为阻力。这其中，主要依靠升力的作用而转动的风电机组称为升力型，螺旋桨型、达里厄型和直线翼垂直轴型都属于这种类型。由于有升力的作用，风轮圆周速度可以达到风速的几倍至十倍，因此多被用于风力发电。

相反，主要依靠阻力来转动的风电机组称为阻力型，主要包括多翼型、萨渥纽斯型和涡轮型等。虽然该类风电机组不能产生比风速高许多的转速，但往往风轮转轴的输出扭矩很大，因此常被用来扬水、拉磨等动力用风电机组使用。

二、水平轴风力机和垂直轴风力机

水平轴风力机可以是升力装置（即升力驱动风轮），也可以是阻力装置（阻力驱动风轮）。设计者一般喜欢利用升力装置，因为升力比阻力大得多。另外，阻力装置一般运动速度没有风速快；升力装置可以得到较大的尖速比（风轮叶片尖端速度与风速之比），因此输出功率与质量之比大，价格和功率之比较低。水平轴风力机的叶片数量可以不同，从具有配平物的单叶片风力机，到具有很多叶片（最多可达 50 片以上）的风力机均可见到。有些水平轴风力机没有对风装置，风力机不能绕垂直于风向的垂直轴旋转，一般说来，这种风力机只用于有一个主方向风的地方。而大多数水平轴风力机具有对风装置，能随风向改变而转动。这种对风装置，对于小型风力机，是采用尾舵，而对于大的风力机，则利用对风敏感元件。如图 1-12 所示。

垂直轴风力机在风向改变时，无需对风。在这点上，相对水平轴风力机是一大优点，这使其结构简化，同时也减少了风轮对风时的陀螺力。

利用阻力旋转风轮的垂直轴风力机有几种类型。其中有利用平板和杯子做成的风轮，这是一种纯阻力装置；S 形风轮，具有部分升力，但主要还是阻力装置。这些装置有较大

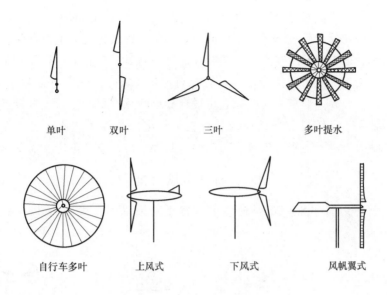

单叶　　双叶　　三叶　　多叶提水

自行车多叶　　上风式　　下风式　　风帆翼式

图 1-12　水平轴风力机

的启动力矩（和升力装置相比），但尖速比较低。在风轮尺寸、质量和成本一定的情况下，提供的功率输出较低。

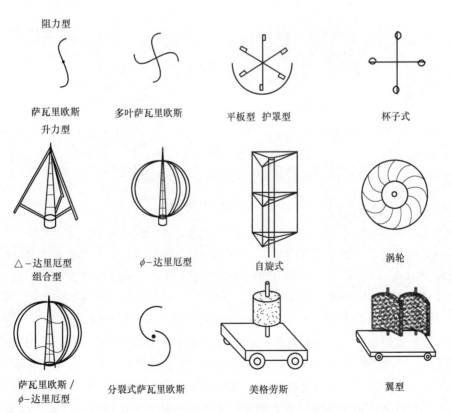

阻力型

萨瓦里欧斯　　多叶萨瓦里欧斯　　平板型　护罩型　　杯子式

升力型

△-达里厄型　　ϕ-达里厄型　　自旋式　　涡轮

组合型

萨瓦里欧斯／　　分裂式萨瓦里欧斯　　美格劳斯　　翼型

ϕ-达里厄型

图 1-13　垂直轴风力机

达里厄式风轮是法国 G. J. M. 达里厄于 19 世纪 20 年代发明的。20 世纪 70 年代初，加拿大国家科学研究院对其进行了大量的研究，是水平轴风力机的主要竞争者。

达里厄型风轮是一种升力装置，弯曲叶片的剖面是翼型，它的启动扭矩低，但尖速比可以很高，对于给定的风轮质量和成本，有较高的功率输出。现在有多种达里厄风力机，如 φ 形、△ 形、Y 形、◇ 形等。这些风轮可设计成单叶片、双叶片、三叶片或多叶片。其他形式的垂直轴风轮有美格劳斯效应风轮，它由自旋的圆柱体组成，当它在气流中工作时，产生的移动力是由于美格劳斯效应引起的，其大小与风速成正比。如图 1-13 所示。

三、特殊型风力机

特殊型风电机多属于组合型，种类多，有水平轴类型、垂直轴类型等，如图 1-14 所示。

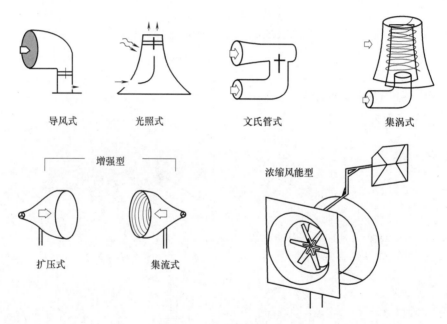

图 1-14 特殊型风力机

水平轴风力机有的具有反转叶片的叶轮；有的在一个塔架上安装多个叶轮，以便在输出功率一定的条件下，减少塔架的成本。30kW 双叶轮风力机 2001 年 2 月安装运行，后一叶轮直径大于前一叶轮，前一叶轮内侧风速大幅度下降，外侧风速增加了 10% 以上，利用外侧风速增加使整机空气动力效率增加。

水平轴风电机有的利用锥形罩，使气流通过水平叶轮时，集中或扩散，因此使之加速。收缩、扩散组合中间为中央圆筒，中央圆筒的增速效果比单独只有扩散管增速高。该组合式改变外部形状时也会增加中央流路的流速。浓缩风能型风电机是在叶轮前方设收缩管，在叶轮后方设扩散管，在叶轮周围设置包括增压弧板在内的浓缩风能装置。当自然风通过浓缩风能装置流经叶轮时，是被加速、整流、流速均匀化后的高质量的气流，因此，此风力机叶轮直径小、切入风速低、噪声低、安全性高、发电量大。

垂直轴叶轮有的使用管道或旋涡发生器塔，通过套管或扩压器使水平气流变成垂直方向，以增加速度。有些还利用太阳能或燃烧某种燃料来增加气流流速。

第三节　风力发电技术的发展现状

风电机组的发展主要呈现出大型化、变桨距、变速运行、无齿轮箱等特点。目前全球风电制造技术发展主要有以下特点。

（1）水平轴风电机组技术成为主流　水平轴风轮具有风能转换效率高、转轴较短、在大型风电机组上成本较低等优点，是风电发展的主流机型，并占到95％以上的市场份额。垂直轴风电机组因转轴过长，风轮转换效率低，启动、停机和变桨困难等问题，市场份额很小，应用数量有限。

（2）风电机组容量大型化　风电机组风轮直径和输出功率逐年趋于大型化。近几年风轮直径 80～130m，输出功率达到 8MW，陆地上以 2～3MW 机组为主导机组，近海风电机组以 3～5MW 机组为主导机组。

（3）叶片设计理论和技术不断发展　风力机叶片设计理论计算应用来自空气动力学知识和经验，逐步发展为贝茨极限、简化风车法、Glauert 理论、动量叶素理论、Schmits 理论、叶栅理论。叶片翼型，从当初飞机使用翼型开始，发展为最近使用的专用风力机翼型，在低雷诺数领域内得到更高的升阻比等，与飞机使用翼型比较，其厚度增加，有利于结构设计。

为了增加叶片的刚度，在叶片长度大于 50m 时，广泛使用强化碳纤维材料、热塑性复合材料叶片。目前使用的风电叶片都是由热固性复合材料制造，很难自然降解。热塑性复合材料具有可回收利用、质量轻、抗冲击性能好、生产周期短等一系列优异性能。但是，使用热塑性复合材料制造叶片的工艺成本较高，成为限制热塑性复合材料用于风力发电叶片的关键问题。

分段式叶片的发展趋势：由于玻璃纤维使用的环氧树脂或多元脂产量大，价格便宜，传统的兆瓦级风电机组叶片普遍都是采用玻璃钢强化塑料（GFRP）制作。玻璃钢强化塑料由于刚度和强度的限制，使大型风电机组叶片质量太重，导致制造、运输和安装的困难。为了方便兆瓦级叶片的道路运输，某些公司已经开始尝试分段制作叶片。

（4）变速恒频技术　恒速恒频技术逐渐发展为变速恒频。变速运行的风电机组具有发电量大、对风速变化的适应性好、生产成本低、效率高等优点。变速恒频机组中应用较多是双馈异步发电机。随着电力电子技术的发展，大型变流器在双馈发电机组及直驱式永磁发电机组中广泛应用，结合变桨距技术，在额定风速下具有较高的效率，在额定风速上发电机输出功率更加平稳。

（5）直驱技术　传统的风电机组叶轮和发电机之间有增速齿轮箱，随着风电机组容量的增加，其质量增大、故障率增多、噪声增加、维修成本增加。为此研发了多级转速发电机与叶轮直接连接进行驱动的方式，减少了维修成本、降低了噪声。

（6）智能化控制技术　风电机组运行过程中，一旦出现叶片所承受外界载荷（温度、风速、风载等）超过设计载荷、叶片主体产生裂纹、外界雷击等可能对叶片造成损伤的情况时，监控系统就会发出预警信号，以便对叶片进行及时的调整、维护和保养，提高风电机组运行的可靠性。

（7）近海风力发电　风电场占用陆地，向近海发展风力发电是必然。近海风资源丰富，对噪声要求低，今后近海风电机组发展方向为单机容量大、维修性好、可靠性高。近海风资源测试评估、风电场选址、基础设计及施工、机组调装技术等工作越来越受到重视。

第二章 风特性及风能

第一节 风 的 形 成

风是一种自然现象，是指空气相对于地球表面的运动，是由于大气中热力和动力的空间不均匀性所形成的。由于大气运动的垂直分量很小，特别是在近地面附近，因此通常所讲的风是指水平方向的空气运动。尽管大气运动很复杂，但大气运动始终遵循大气动力学和热力学变化的规律。

一、大 气 环 流

风的形成是空气相对于地球表面运动的结果。空气流动的原因是地球绕太阳运转时，由于日地距离和方位不同，地球上各纬度所接收的太阳辐射强度也各异。赤道和低纬度地区太阳辐射强度比极地和高纬度地区强，地面和大气接收的热量多，因而温度高。这种温差形成了南北半球间的气压梯度，在北半球等压面向北倾斜，空气向北流动。

由于地球自转形成的地转偏向力的存在，在北半球，气流向右偏转，而在南半球，气流向左偏转。所以，地球大气的运动，除受到气压梯度力的作用外，还受地转偏向力的影响。地转偏向力在赤道为零，随着纬度的升高而增大，在极地达到最大。

当空气由赤道两侧上升向极地流动时，开始因地转偏向力很小，空气基本受气压梯度力影响，在北半球，由南向北流动。随着纬度的升高，地转偏向力逐渐加大，空气运动也逐渐向右偏转，也就是逐渐转向东方。在纬度30°附近，偏角达到90°，地转偏向力与气压梯度力相当，空气运动方向与纬圈平行，所以在纬度30°附近上空，赤道来的气流受到阻塞而聚积，气流下沉，造成这一地区地面气压升高，就是所谓的副热带高压。

副热带高压下沉气流分为两支，一支从副热带高压向南流动，指向赤道。在地转偏向力的作用下，北半球吹东北风，南半球吹东南风，风速稳定且不大，为3～4级，这是所谓的信风，所以在南北纬30°之间的地带称为信风带。这一支气流补充了迟到上升气流，构成了一个闭合的环流圈，称为哈德来（Hadley）环流，也叫做正环流圈。此环流圈南面上升、北面下沉。

另一支从副热带高压向北流动的气流，在地转偏向力的作用下，北半球吹西风，且风速较大，这就是所谓的西风带。在北纬60°附近处，西风带遇到了由极地向南吹来的冷空气，被迫沿冷空气上面爬升，在北纬60°地面出现一个副极地低压带。

副极地低压带的上升气流到了高空又分成两股，一股向南，一股向北。向南的一股气流到达极地后冷却下沉，形成极地高压带。这股气流补偿了地面流向副极地带的气流，而且形成了一个闭合圈，此环流圈南面气流上升、北面气流下沉，与哈德来环流流向类似，因此也称正环流。在北半球，此气流由北向南，受地转偏向力的作用，吹偏东风，在北纬

$60°\sim90°$之间，形成了极地东风带。

综上所述，地球上由于地球表面受热不均，造成地面与高空形成大气环流。各环流圈形成的高度，主要是由于地球表面增热程度随纬度升高而降低的缘故。这种环流在地球自转偏向力的作用下，形成了赤道到纬度$30°$的环流圈（哈德来环流）、$30°\sim60°$的环流圈和纬度$60°\sim90°$的环流圈，这就是著名的三圈环流。三圈环流示意图如图2-1所示。

当然，三圈环流是一种理论的环流模型，反映了大气环流的宏观情况。实际上，受到地形和海洋等因素，如海陆分布不均匀、海陆受热温度变化不同和大陆地形引起的大气层中空气压力不均衡，因此热带最高、中纬度次之、极地最低。

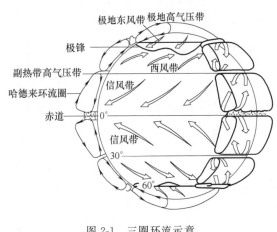

图 2-1　三圈环流示意

二、季风环流

（1）季风　在一个大范围地区内，其盛行风向或气压系统有明显的季节变化，这种在一年内随着季节不同有规律转变风向的风，称为季风。季风盛行地区的气候又称季风气候。

季风明显的程度可用一个定量的参数来表示，称为季风指数。季风指数是根据地面冬夏盛行风向之间的夹角来表示的，当夹角在$120°\sim180°$之间时，认为是季风，然后用 1 月和 7 月盛行风向出现的频率相加除以 2。全球明显季风区主要在亚洲的东部和南部，以及东非的索马里和西非的几内亚。季风区还包括澳大利亚的北部和东南部、北美的东南岸和南美的巴西东岸等地。

亚洲东部的季风主要分布在我国的东部，以及朝鲜、日本等地区；亚洲南部的季风分布以印度半岛最为显著，这是世界闻名的印度季风。

（2）我国季风环流的形成　我国位于亚洲的东南部，所以东亚季风和南亚季风对我国天气和气候变化都有很大影响。形成我国季风环流的因素很多，其中主要是由于海陆分布、行星风带的季节转换以及地形特征等综合因素。

①　海陆分布对我国季风的作用：海洋的热容量比陆地大得多，冬季，陆地比海洋冷，大陆气压高于海洋，气压梯度力从大陆指向海洋，风从大陆吹向海洋；夏季则相反，陆地很快变暖，海洋相对较冷，陆地气压低于海洋，气压梯度力由海洋指向大陆，风从海洋吹向大陆。

②　行星风带的季节转换对我国季风的作用：从图 2-1 可以看出，地球上存在信风带、盛行西风带、极地东风带，南半球和北半球呈对称分布。这些风带，在北半球的夏季都向北移动，而冬季则向南移动。这样，冬季西风带的南缘地带，夏季可以变成东风带。因此，冬夏盛行风就会发生 $180°$ 的变化。

冬季我国主要在西风带影响下，强大的西伯利亚高压笼罩着全国，盛行偏北气流。夏季西风带北移，我国在大陆热低压控制之下，副热带高压也北移，盛行偏南风。

③ 地形特征对我国季风的作用：青藏高原占我国陆地面积的 1/4，平均海拔在 4000m 以上，对周围地区具有热力作用。在冬季，高原上温度较低，周围大气温度较高，这样形成下沉气流，从而加强了地面高压系统，使冬季风增强；在夏季，高原对于周围自由大气是一个热源，加强了高原周围地区的低压系统，使夏季风得到加强。另外，在夏季，西南季风由孟加拉湾向北推进时，沿着青藏高原东部南北走向的横断山脉流向我国的西南地区。

三、局地环流

1. 海陆风

海陆风的形成与季风相同，也是大陆与海洋之间温度差异的转变引起的。不过海陆风的范围小，以日为周期，势力也薄弱。

由于海陆物理属性的差异，造成海陆受热不均，白天陆上增温较海洋快，空气上升，而海洋上空温度相对较低，使地面有风从海洋吹向陆地，补充陆地的上升气流，而陆地的上升气流流向海洋上空而下沉，补充海上吹向陆地的气流，形成一个完整的热力环流；夜间环流的方向正好相反，风从陆地吹向海洋。这种白天从海洋吹向陆地的风称为海风，夜间从陆地吹向海洋的风称为陆风，所以，一天中海陆之间的周期性环流总称为海陆风，如图 2-2 所示。

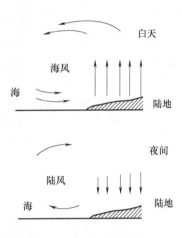

图 2-2　海陆风形示意

海陆风的强度在海岸最大，随着离岸的距离而减弱，一般影响距离为 20～50km。海风的风速比陆风大，在典型的情况下，风速可达 4～7m/s，而陆风风速一般仅为 2m/s 左右。海陆风最强烈的地区，发生在温度日变化最大及昼夜海陆温度最大的地区。低纬度日射强，所以海陆风较为明显，尤以夏季为甚。海陆以外，在大湖附近同样日间有风自湖面吹向陆地，称为湖风；夜间自陆地吹向湖面，称为陆风。

2. 山谷风

山谷风的形成原理跟海陆风是类似的。白天，山坡接受太阳光热较多，空气增温较多；而山谷上空，同高度上的空气因离地较远，增温较少。于是山坡上的暖空气不断上升，并从山坡上空流向谷地上空，谷底的空气则沿山坡向山顶补充，这样便在山坡与山谷之间形成一个热力环流。下层风由谷底吹向山坡，称为谷风。到了夜间，山坡上的空气受山坡辐射冷却影响，空气降温较多；而谷地上空，同高度的空气因离地面较远，降温较少。于是山坡上的冷空气因密度大，顺山坡流入谷地，谷底的空气因汇合而上升，并从上面向山顶上空流去，形成与白天相反的热力环流。下层风由山坡吹向谷底，称为山风。即白天风从山谷吹向山坡，这种风称为谷风；到夜间，风自山坡吹向山谷，这种风称为山风。山风和谷风又总称为山谷风（图 2-3）。

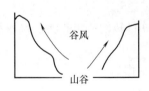

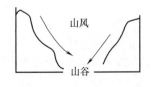

图 2-3　山谷风形成示意

山谷风风速一般较弱，谷风比山风大一些，谷风一般为

2～4m/s，有时可达 6～7m/s。谷风通过山隘时，风速加大。山风一般仅为 1～2m/s，但在峡谷中，风力还能增大一些。

第二节　风的特性

一、地面边界层

大气运动的能量来自太阳。由于地球是球形的，其表面接收的太阳辐射能量随着纬度的不同而存在差异，因此永远存在南北方向的气压梯度，推动大气运动。

除了气压梯度力外，大气运动还受到地转偏向力、摩擦力和离心力的影响。地转偏向力是由地球自转产生的，垂直于运动方向，其大小取决于地球的转速、纬度、物体运动的速度和质量；摩擦力是地球表面对气流的拖拽力（地面摩擦力）或气团之间的混乱运动产生的力；离心力是使气流方向发生变化的力。空气相对于地球表面运动的过程中，在接近地球表面的区域，由于地表植被、建筑物等的影响，会使风速降低。通常把受地表摩擦阻力影响的大气层称为大气边界层，如图 2-4 所示。

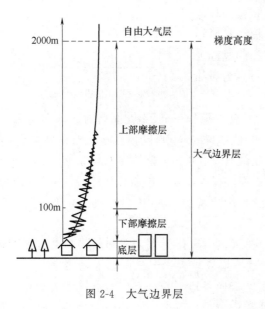

图 2-4　大气边界层

从工程的角度，通常把大气边界层划分为三个区域：①离地面 2m 以内，称为底层；②2～100m 的区域，称为下部摩擦层；③100～2000m 的区域，称为上部摩擦层。底层和下部摩擦层又统称为地面边界层。把 2km 以上的区域看作不受地表摩擦影响的自由大气层。

大气边界层内空气的运动规律十分复杂，目前主要用统计学的方法来描述，在高度方向上的主要特征有以下几个方面。

① 由于气温随高度变化引起的空气上下对流运动。

② 由于地表摩擦阻力引起的空气水平运动速度随高度变化。

③ 由于地球自转的科里奥力随高度引起的风向随高度变化。

④ 由于湍流运动动量垂直变化引起的大气湍流特性随高度变化。

二、风的尺度

地球表面的大气运动在时间上是不断变化的，在不同的时间和空间尺度范围内，大气运动的规律变化不一样，形成了地球上不同的天气和气候现象，也对风能的利用产生了影响。一般而言，气流运动的空间尺度越大，维持的时间也越长。大气运动尺度的分类并无统一标准，一般分为以下四类。

① 小尺度　空间数米到数千米，时间维持数秒到数天。气流运动主要包括地方性风

和小尺度涡旋、尘卷等。这一尺度范围的风特性对于风电机组的设计产生主要影响。

　　② 中尺度　空间数千米到数百千米，时间维持数分钟到一周。气流运动的主要形式包括台风和雷暴等，破坏力巨大。

　　③ 天气尺度　空间数百千米到数千千米，时间维持数天到数周。

　　④ 行星尺度　空间数千千米以上，时间维持数周。该尺度的大气运动可以支配全球的季节性天气变化，甚至气候变化。

三、风 的 大 小

　　风的大小通常指风速的大小，它表示空气在单位时间内流过的距离，单位为 m/s 或 km/h。风速可以用风速计测量。图 2-5 给出的是某一时段水平方向的实际风速和风向时间历程曲线。由图可知，风速和风向在时间及空间上的变化均是随机的。在研究大气边界层特性时，通常把风看作是由平均风和脉动风两部分组成的。

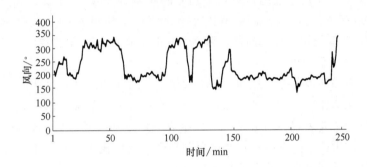

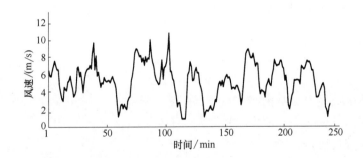

图 2-5　风向-时间与风速-时间曲线

　　因此可以用下面的式子来描述：

$$v(t) = \bar{v} + v'(t) \tag{2-1}$$

式中　$v(t)$——瞬时风速，即某时刻空间某点的实际风速；

　　　　$\bar{v}$——平均风速，即某时距内空间某点各瞬时风速的平均值；

　　　　$v'(t)$——脉动风速，即某时刻空间某点瞬时风速与平均风速的差值。

　　某地平均风速的大小除取决于时距外，还与所测点的高度有关。我国规定的标准高度为 10m。为表征风的大小，在气象学中对风力做了分级。风力等级是依据风对地面或海面物体影响而引起的各种现象确定的。目前国际上采用的风速等级仍然是 1805 年英国人蒲福拟定的。他把风力分为 13 级。随着测风技术的发展，1946 年，人们又将第 12 级风（飓风）分为 6 级。

由于风力变幻莫测，于是在实用中就有瞬时风速与平均风速这两个概念。前者可以用风速计在较短时间（0.5～1.0s）内测得，后者实际上是某一时间间隔内各瞬时风速的平均值。因此就有日平均风速、月平均风速、年平均风速等。

平均风速是指瞬时风速的时间平均值，主要用算术平均法或矢量平均法计算平均风速。目前习惯使用平均风速的概念来衡量一个地方的风能资源状态。

1. 平均风速

（1）平均风速的定义　平均风速是指在某一时间间隔中，空间某点瞬时水平方向风速的数值平均值，用下式表示：

$$\bar{v} = \frac{1}{t_2 - t_1} \int_{t_1}^{t_2} v(t)\,\mathrm{d}t \tag{2-2}$$

式（2-2）表明，平均风速的计算与平均时间间隔 $\Delta t = t_2 - t_1$ 有关，不同的时间间隔，计算的平均风速存在差异。目前国际上通行的计算平均风速的时间间隔都取在 10～120min 范围内。我国规定的计算时间间隔为 10min。在评估风能资源时，为减少计算量，常用 60min 间隔计算平均风速。

（2）平均风速随高度的变化规律　在近地层中，风速随高度有显著的变化。造成风在近地层中垂直变化的原因有动力因素和热力因素。前者主要来源于地面的摩擦效应，即地面的粗糙度；后者主要表现在与近地层大气垂直稳定度的关系。当大气层结构为中性时，乱流将完全依靠动力因素来发展，这时风速随高度的变化服从普朗特经验公式和风速廓线分布。风速廓线可采用对数律分布或指数律分布。

① 普朗特（Prandtl）经验公式：

$$v = \frac{v_*}{K} \ln\left(\frac{Z}{Z_0}\right) \tag{2-3}$$

$$v_* = \sqrt{\frac{\tau_0}{\rho}} \tag{2-4}$$

式中　v——离地面高度 Z 处的平均风速，m/s；

　　K——卡门（Kaman）常数，其值为 0.4 左右；

　　v_*——摩擦速度，m/s；

　　ρ——空气密度，kg/m³，一般取 1.225kg/m³；

　　τ_0——地面剪切应力，N/m²；

　　Z_0——粗糙度参数，m，如表 2-1 所示。

表 2-1　　　　　　　　　　　　不同地表面状态下的粗糙度

地形	沿海区	开阔地	建筑物不多的郊区	建筑物较多的郊区	大城市中心
Z_0/m	0.005～0.01	0.03～0.10	0.20～0.40	0.80～1.20	2.00～3.00

② 指数律分布：用指数分布计算风速廓线时比较简便，因此，目前多数国家采用经验的指数律分布描述近地层中平均风速随高度的变化。风速廓线的指数律分布可表示为：

$$v_n = v_1 \left(\frac{Z_n}{Z_1}\right)^\alpha \tag{2-5}$$

式中　v_n——离地高度 Z_n 处的平均风速，m/s；

　　　v_1——离地参考高度 Z_1 处的平均风速，m/s；

　　　α——分速廓线指数。

α 值的变化与地面粗糙度有关。地面粗糙度是随地面的粗糙程度变化的常数，在不同的地面粗糙度风速随高度变化差异很大。粗糙的表面比光滑表面更易在近地层中形成湍流，使得垂直混合更为充分，混合作用加强，近地层风速梯度就减小，而梯度风的高度就较高，也就是说粗糙的地面比光滑的地面到达梯度的高度要高，所以使得粗糙的地面层中的风速比光滑地面的风速小。

在我国建筑结构载荷规范中将地貌分为 A、B、C、D 四类：A 类指近海海面、海岛、海岸、湖岸及沙漠地区，取 $\alpha_A=0.12$；B 类指田野、乡村、丛林、丘陵以及房屋比较稀疏的中小城镇和大城市郊区，取 $\alpha_B=0.16$；C 类指密集建筑物群的城市市区，$\alpha_C=0.20$；D 类指有密集建筑群且建筑面较高的城市市区，取 $\alpha_D=0.30$。图 2-6 所示为地表上高度与风速的关系。

风速垂直变化取决于 α 值。α 值的大小反映风速随高度增加的快慢，α 值大表示风速随高度增加得快，即风速梯度大；α 值小表示风速随高度增加得慢，即风速梯度小。

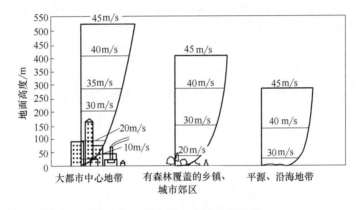

图 2-6　地表上高度与风速的关系

（3）平均风速的分布　平均风速的变化是随机的，但其分布特性存在一定的统计规律性。用概率论和数理统计中的概率分布函数和概率密度函数可以描述风速的统计分布特性。图 2-7 给出了某地实测平均风速概率密度曲线。可以用数理统计的方法，用一定的函数关系拟合实测概率密度曲线。

在应用中，通常以双参数威布尔分布或瑞利分布来描述平均风速分布。

威布尔分布用下式表示：

$$P(v)=\frac{k}{c}\left(\frac{v}{c}\right)^{k-1}\mathrm{e}^{-\left(\frac{v}{c}\right)^k} \tag{2-6}$$

式中　k——形状系数；

　　　c——尺度系数。

威布尔分布用形状系数 k 和尺度系数 c 来表征。当 $c=1$ 时，称为标准威布尔分布。形状系数 k 的改变对分布曲线的形式有很大影响。当 $0<k<1$ 时，分布的众数为 0，分布密度为 v 的减函数；当 $k=1.0$ 时，分布呈指数形；当 $k=2.0$ 时，便成为瑞利分布；当 $k=3.5$ 时，威布尔分布实际上已很接近于正态分布了（图 2-8）。

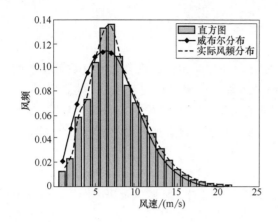

图 2-7 某地实测平均风速概率密度曲线

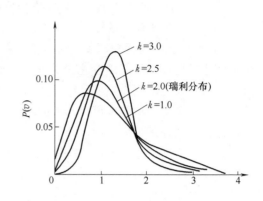

图 2-8 威布尔分布函数概率密度曲线

估计风速的威布尔分布参数的方法有多种，依据不同的风速统计资料进行选择。通常采用的方法有三种：①最小二乘法，即累积分布函数拟合威布尔分布曲线法；②平均风速和标准差估计法；③平均风速和最大风速估计法。根据国内外大量验算结果，上述方法中最小二乘法误差最大。在具体使用当中，前两种方法需要有完整的风速观测资料，需要进行大量的统计工作；后一种方法中的平均风速和最大风速可以从常规气象资料获得，因此，这种方法较前面两种方法有优越性。

① 用最小二乘法估计威布尔参数：根据风速的威布尔分布，风速小于v_g的累积概率分布函数为

$$P(v \leqslant v_g) = 1 - \exp\left[-\left(\frac{v_g}{c}\right)^k\right] \tag{2-7}$$

去对数整理后，有

$$\ln\{-\ln[1-P(v \leqslant v_g)]\} = k\ln v_g - k\ln c \tag{2-8}$$

令 $y = \ln\{-\ln[1-P(v \leqslant v_g)]\}$，$x = \ln v_g$，$a = -k\ln c$，$b = k$，于是系数$k$和$c$可以由最小二乘法拟合 $y = a + bx$ 得到，具体做法如下。

将观测到的风速出现范围划分成n个风速间隔：$0 \sim v_1$，$v_1 \sim v_2$，$\cdots$，$v_{n-1} \sim v_n$，统计每个间隔中风速观测值出现的频率f_1，f_2，$\cdots$，f_n和累积频率$P_1 = f_1$，$P_2 = P_1 + f_2$，$\cdots$，$P_n = P_{n-1} + f_n$，取变换

$$x_i = \ln v_i \tag{2-9}$$

并令

$$a = -k\ln c \tag{2-10}$$
$$b = k$$

因此，根据式（2-9）及式（2-7）风速累积频率观测资料，便可得到a、b的最小二乘法估计值为

$$a = \frac{\sum x_i^2 \sum y_i - \sum x_i \sum x_i y_i}{n\sum x_i^2 - (\sum x_i)^2} \tag{2-11}$$

$$b = \frac{-\sum x_i \sum y_i + n\sum x_i y_i}{n\sum x_i^2 - (\sum x_i)^2} \tag{2-12}$$

由式（2-11）得

$$c = \exp\left(-\frac{a}{b}\right) \tag{2-13}$$

② 根据平均风速$\bar{v}$和标准差S_i估计威布尔分布参数

$$\left(\frac{\sigma}{\mu}\right)^2 = \left\{ \Gamma(1+2/k) \Big/ \left[\Gamma\left(1+\frac{1}{k}\right)\right]^2 \right\} - 1 \tag{2-14}$$

从式（2-14）可见，$\frac{\sigma}{\mu}$仅仅是k的函数，因此，若已知分布的均值和方差，便可求解k。由于直接用$\frac{\sigma}{\mu}$求解k比较困难，因此通常可用上式的近似关系求解k，即

$$k = \left(\frac{\sigma}{\mu}\right)^{-1.086} \tag{2-15}$$

由式（2-15）有

$$c = \frac{\mu}{\Gamma(1+2/k)}$$

以平均风速$\bar{v}$估计μ，样本标准差S_v估计σ，即

$$v = \frac{1}{N}\sum n_j v_j$$

$$S_v = \sqrt{\frac{1}{N}\sum n_j v_j^3 \left(\frac{1}{N}\sum n_j v_j\right)^2}$$

式中　v_j——各风速间隔的值，以该间隔中值代表间隔平均值，m/s；

n_j——各间隔出现的频数。

③ 用平均风速和最大风速估计威布尔参数：我国气象观测规范规定，最大风速的挑选指的是一日任意时间的 10min 最大风速值。设$v_{\max}$为湍流时间 T 内观测到的 10min 平均最大风速，显然它出现的概率为

$$P(v \geqslant v_{\max}) = \exp\left[-\left(\frac{v_{\max}}{c}\right)^k\right] = \frac{1}{T} \tag{2-16}$$

对式（2-16）做变换，得

$$\frac{v_{\max}}{\mu} = (\ln T)^{\frac{1}{k}} / \Gamma(1+k) \tag{2-17}$$

因此，只要知道$v_{\max}$和v，以v作为μ的估计值，由式（2-17）就可解出k。直接由式（2-17）计算比较麻烦，而大量的观测表明，k值的变动范围通常为 1.0～2.6。此时，$\Gamma\left(1+\frac{1}{k}\right) = 0.90$，于是从式（2-17）得$k$的近似解为

$$k = \ln(\ln T) / \ln(0.90 v_{\max} / \bar{v}) \tag{2-18}$$

c 则由下式求得

$$c = \bar{v} / [\Gamma(1+1/k)] \tag{2-19}$$

考虑到$v_{\max}$的抽样随机性很大，又有较大的年际变化，为了减少抽样随机性误差，在估计一地的平均风能潜力时，应根据 v 和$v_{\max}$的多年平均值（最好 10 年以上）来估计风速的威布尔参数，可有较好的代表性。

（4）平均风速日变化　在大气边界层中，平均风速有明显的日变化规律。平均风速日变化的原因主要是太阳辐射的日变化而造成的地面热力不均匀。日出后，地面热力不均匀性渐趋明显，地面温度高于空气温度，气流上下发生对流，进行动量交换，上层动量向下

传递，使上层风速减小，下层风速增大；入夜后，则相反。在高、低层中间则有一个过渡层，那里风速变化不明显，一般过渡层在 50～150m 高度范围。平均风速日变化在夏季无云时要增强，而在冬季多云时则要减弱。

如果把长年的资料平均起来便会显出一个趋势。一般来说，风速日变化有陆、海两种基本类型：一种是陆地，白天午后风速大，夜间风速小，因为午后地面最热，上下对流最强，高空大风的动量下传也最多；另一种是海洋上，白天风速小，夜间风速大，这是由于白天大气层的稳定度大，因为白天海面上气温比气温高所致。

风速日变化与电网的日负载曲线特性相一致时，也是最好的。

（5）平均风速月变化　有些地区，一个月中有时也会发生周期为 1 天至几天的平均风速变化，其原因是热带气旋和热带波动的影响所造成的。例如，位于中纬度的某一地区，一个月中平均风速变化有几个不同的时间周期，但是每 10 天左右有一次强风是很显著的。每个地区月平均风速随时间的变化虽有一定的规律，但是各个地区的变化规律不尽相同，很难找出普适性的规律。

（6）平均风速季度变化　全球很多地区的平均风速随季度变化。平均风速随季度变化的大小取决于纬度和地貌特征，通常在北半球中高纬度大陆地区，由于冬季有利于高压形成，夏季有利于低压形成，因此，冬季平均风速要大一些，夏季平均风速要小一些。我国大部分地区，最大风速多在春季的 3、4 月，最小风速则多在夏季的 7、8 月。

（7）年平均风速　年平均风速是由一年中各次观测的风速之和除以观测次数而得，它是最直观、简单表示风能大小的指标之一。我国在建设风电场时，一般要求当地 10m 高处的年平均风速在 6m/s 左右。这时，风功率密度为 $200～250\text{W/m}^2$，相当于风电机组满功率运行的时间在 2000～2500h，从经济分析来看是有益的。

但是，用年平均风速来要求也存在一定的缺陷，它没有包含空气密度和风频在内，所以年平均风速即使相同，其风速概率密度函数 $P(v)$ 也并不一定相同，计算出的可利用风能小时数和风能有很大的差异。

2. 脉动风

脉动风速是指在某一时刻 f，空间某点上的瞬时风速与平均风速的差值。脉动风也是随机变化的，当大气比较稳定时，可以把脉动风看作平稳随机过程，即可用某点长时间的观测样本来代表整个脉动风的统计特征。

（1）脉动风速　由式（2-1）可知，脉动风速为

$$v'(t) = v(t) - \overline{v} \tag{2-20}$$

脉动风速的时间平均值为零，即

$$\overline{v'} = \frac{1}{t_2 - t_1} \int_{t_1}^{t_2} v'(t) \mathrm{d}t = 0 \tag{2-21}$$

脉动风速的概率密度函数非常接近于高斯分布或正态分布。所以，根据正态分布密度函数可以将脉动风速的概率密度函数表示为

$$P(v') = \frac{1}{\sigma \sqrt{2\pi}} \exp\left(-\frac{v'^2}{2\sigma^2}\right) \tag{2-22}$$

式中　σ——v' 的均方根值。

（2）湍流强度　湍流是重要的风况特征，是指风速、风向及其垂直分量的迅速扰动或不规律性，它很大程度上取决于环境的粗糙度、地层稳定性和障碍物。

　　湍流强度用来描述风速随时间和空间变化的程度，反映脉动风速的相对强度，是确定结构所受脉动风载荷的关键参数。湍流强度 ε 为 10min 时距的脉动风速均方根值与平均风速之比，即

$$\varepsilon=\frac{\sqrt{(\overline{u'^2}+\overline{v'^2}+\overline{w'^2})/3}}{\sqrt{\overline{u}^2+\overline{v}^2+\overline{w}^2}}=\frac{\sqrt{(\overline{u'^2}+\overline{v'^2}+\overline{w'^2})/3}}{\overline{v}} \tag{2-23}$$

式中　　u、v、w——纵向、横向和竖向 3 个正交风向上的瞬间风速分量；

　　　　u'、v'、w'——对应的 3 个正交方向上的脉动风速分量；

　　　　$\overline{v}$——平均风速。

　　横向脉动风速与平均风速如图 2-9 所示。

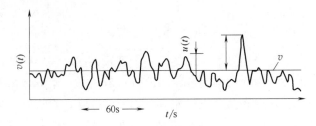

图 2-9　平均风速与脉动风速

　　3 个正交风向上的瞬间风速分量的湍流强度分别定义为

$$\left.\begin{array}{l}\varepsilon_u=\dfrac{\overline{u'^2}}{\overline{v}}\\[2mm]\varepsilon_v=\dfrac{\overline{v'^2}}{\overline{v}}\\[2mm]\varepsilon_w=\dfrac{\overline{w'^2}}{\overline{v}}\end{array}\right\} \tag{2-24}$$

　　在大气边界层的地表层中，3 个方向的湍流强度不相等，一般 $\varepsilon_u>\varepsilon_v>\varepsilon_w$。在地表层上面，3 个方向的湍流强度逐渐减小，并随着高度的增加趋于相等。湍流强度不仅与离地高度 H 有关，还与地面粗糙度 Z_0 有关，纵向湍流强度的表达式如式（2-24）所示。在风力发电工程研究中，主要考虑平均风速方向的纵向湍流强度 ε_u，其表达式为

$$\varepsilon_u=\frac{1}{\ln(H/n)}\left[0.867+0.5561\lg H-0.246(\lg H)^2\right]\lambda \tag{2-25}$$

　　式（2-25）中，当 $n\geqslant0.02$ 时，$\lambda=\dfrac{0.76}{\alpha^{0.07}}$（$\alpha$ 指地表面粗糙度）。

　　图 2-10 和图 2-11 分别给出了纵向湍流强度随高度和地表面粗糙度变化的曲线。由图可知，纵向湍流强度随高度的增加而减小，随地表面粗糙度的增加而增大。

　　（3）阵风系数　在结构设计中，需要考虑阵风的影响，因此，引入阵风系数（阵风因子）G。阵风系数是指阵风风速与平均风速之比，它与湍流强度有关，湍流强度越大，则阵风系数越大；阵风持续时间越长，阵风系数越小。阵风系数表达式如下

$$G(T)=1+0.42\varepsilon_u\ln\frac{3600}{T} \tag{2-26}$$

式中　　ε_u——纵向湍流强度；

　　　　T——阵风持续时间。

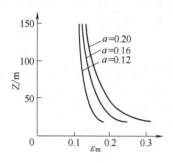

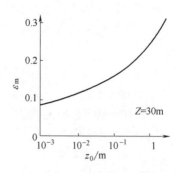

图 2-10　纵向湍流强度随高度的变化曲线　　　图 2-11　纵向湍流强度随地表面粗糙度的变化曲线

四、风　　向

（1）风向概述　风向是描述风能特性的又一个重要参数。气象上把风吹来的方向定为风向。例如，风来自北方，由北吹向南，称为北风；若风来自南方，由南吹向北，称为南风。气象台预报风时，若风向在某个方向左右摆动不能确定，则加以"偏"字，如在北风方位左右摆动，则叫偏北风。在风向的测量中，陆地一般用 16 个方位表示风向，海上则多用 36 个方位表示。若风向用 16 个方位表示，则用方向的英文首字母大写的组合来表示方向，风向的 16 方位图如图 2-12 所示。

静风记作 C。也可以用角度来表示，以正北基准，顺时针方向旋转，东风为 90°，南风为 180°，西风为 270°。

风向也是风电场选址的一个重要因素，若欲从某一特定方向获取所需的风能，则必须避免此气流方向上有任意的障碍物。早期用风向标来确定风向，现在大多数的风速计可同时记录风向和风速。

（2）平均风向（风向玫瑰图）　风向在某时段内出现的频率常用风向玫瑰图表示。风向玫瑰图也叫风向频率玫瑰图，是在极坐标底图上点绘出的某一地区在某一时段内各风向出现的频率统计图，因图形似玫瑰花朵而得名。一般将风向分为 8 个或 16 个方位，在各方向线上按风向的出现频率，截取相应的长度，每条直线的长度与这个方向的风的频度成正比，静风的频度放在中间，将相邻方向线上的截点用直线连接成闭合折线图形，如图

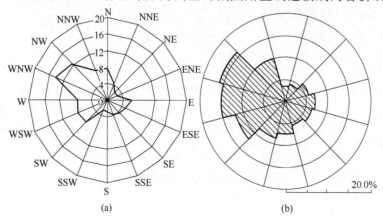

图 2-12　风向玫瑰图

2-12（a）所示。

从风向玫瑰图可以得知当地的主导风向。有些风向玫瑰图上还指示出了各风向的风速范围，如图 2-12（b）所示。

第三节 风的测量

一、测风系统

风电场宏观选址时，采用气象台、站提供的较大区域内的风能资源评估。对初选的风电场选址区即微观选址一般要求用高精度的自动测风系统进行风的测量。风的测量包括风向测量和风速测量。风向测量是指测量风的来向，风速测量是测量单位时间内空气在水平方向上所移动的距离。

自动测风系统主要由六部分组成。包括传感器、主机、数据存储装置、电源、安全与保护装置。

传感器分风速传感器、风向传感器、温度传感器（即温度计）、气压传感器。输出信号为频率（数字）或模拟信号。主机利用微处理器对传感器发送的信号进行采集、计算和存储，由数据记录装置、数据读取装置、微处理器、就地显示装置组成。

由于测风系统安装在野外，因此数据存储装置（数据存储盒）应有足够的存储容量，而且为了野外操作方便，采用可插接形式。测风系统电源一般采用电池供电。为提高系统工作的可靠性，应配备一套或两套备用电源，如太阳能光电板等。主电源和备用电源互为备用，可自动切换。

测风系统输入信号可能会受到各种干扰，设备会随时遭受破坏，如恶劣的冰雪天气会影响传感器信号，雷电天气可干扰传输信号出现误差，甚至毁坏设备等。因此，一般在传感器输入信号和主机之间增设保护和隔离装置，从而提高系统运行的可靠性。

二、风速测量

1. 风速计

（1）旋转式风速计　常有风杯和螺旋桨叶片两种类型。风杯旋转轴垂直于风的来向，螺旋桨叶片的旋转轴平行于风的来向。

测定风速最常用的传感器是风杯，杯形风速计的主要优点是与风向无关。杯形风速计一般由 3 个或 4 个半球形或抛物锥形的空心杯壳组成。杯形风速计固定在互成 120°的三叉星形支架上或互成 90°的十字形支架上，杯的凹面顺着同一方向，整个横臂架则固定在能旋转的垂直轴上。

由于凹面和凸面所受的风压力不相等，风杯受到扭力作用后开始旋转，它的转速与风速成一定的关系。推导风标转速与风速的关系可以有多种途径，大都在设计风速计时便要进行详细的推导。一般测量风速选用旋转式风速计。

（2）压力式风速仪　利用风的压力测定风速的仪器。利用流体的全压力与静压力之差来测定风的动压。

利用皮托静压管，总压管口迎着气流的来向，它感应着气流的全压力（p_0）；静压管口与来流的方向垂直，它感应的压力，因为有抽吸作用，比静压力稍低些（p）。来流风的动压：

$$\Delta p = p_0 - p = \frac{1}{2}\rho V^2(1+c)$$

$$V = \left[\frac{2\Delta p}{\rho(1+c)}\right]^{1/2}$$

$$(2-27)$$

由式（2-27）可计算出风速，并可看出 V 与 Δp 不是线性关系。c 是修正系数。

（3）散热式风速计　一个被加热物体的散热速率与周围空气的流速有关，利用这种特性可以测量风速。它主要适用于测量小风速，而且不能测量风向。

2. 风速记录

风速记录是通过信号的转换来实现的。一般有 4 种方法：①机械式，当风速感应器旋转时，通过蜗杆带动蜗轮转动，再通过齿轮系统带动指针旋转，从刻度盘上直接读出风的行程，除以时间得到平均风速；②电接式，由风杯驱动的蜗杆，通过齿轮系统连接到一个偏心凸轮上，风杯旋转一定圈数，凸轮使相当于开关作用的两个接点闭合或打开，完成一次接触，表示一定的风程；③电机式，风速感应器驱动一个小型发电机中的转子，输出与风速感应器转速成正比的交变电流，输送到风速的指示系统；④光电式，风速旋转轴上装有一圆盘，盘上有等距的孔，孔上面有一红外光源，正下方有一光电半导体，风杯带动圆盘旋转时，由于孔的不连续性，形成光脉冲信号，经光电半导体元件接收放大后变成电脉冲信号输出，每一个脉冲信号表示一定的风的行程。

3. 风速表示

各国表示风速单位的方法不尽相同，如用 m/s、n mile/h、km/h、ft/s、mile/h 等。各种单位换算的方法如表 2-2 所示。

表 2-2　　　　　　　　　　　各种风速单位换算表

单位	m/s	n mile/h	km/h	ft/s	mile/h
m/s	1	1.944	3.600	3.281	2.237
n mile/h	0.514	1	1.852	1.688	1.151
km/h	0.278	0.540	1	0.911	0.621
ft/s	0.305	0.592	1.097	1	0.682
mile/h	0.447	0.869	1.609	1.467	1

风速大小与风速计安装高度和观测时间有关。世界各国基本上都以 10m 高度处观测为基准。但取多长时间的平均风速不统一，有取 1min、2min、10min 平均风速，有 1h 平均风速，也有取瞬时风速等。

我国气象站观测时有三种风速，1 日 4 次定时 2min 平均风速、自记 10min 平均风速和瞬时风速。风能资源计算时，选用自记 10min 平均风速。安全风速计算时用最大风速（10min 平均最大风速）或瞬时风速。

4. 风向测量

风向标是测量风向的最通用的装置，有单翼型、双翼型和流线型等。风向标一般是由尾翼、指向杆、平衡锤及旋转主轴 4 部分组成的首尾不对称的平衡装置。其重心在支撑轴的轴心上，整个风向标可以绕垂直轴自由摆动。在风的动压力作用下取得指向风的来向的一个平衡位置，即为风向的指示。传送和指示风向标所在方位的方法很多，有电触点盘、环形电位、自整角机和光电码盘 4 种类型，其中最常用的是光电码盘。

风向杆的安装方位指向正北。风速仪（风速和风向）一般安装在离地 10m 的高度上。

第四节 风能资源储量估算

为了决策风能开发的可能性、规模和潜在能力，对一个地区乃至全国的风能资源储量进行了解是必要的。风能资源的储量取决于这一地区风速的大小和有效风速的持续时间。如要知道某地的风能利用究竟有多大的发展前景，对它的总储量就需要有一个宏观的估计。

对全球风能储量的估计早在 1948 年曾有普特南姆（Putnam）进行过估算，他认为大气总能量约为 10^{14} MW。这个数据得到世界气象组织的认可，并在 1954 年在世界气象组织出版的技术报告第 4 期《来自于风的能量》专集中（WMO，T. N，No. 32，1954）进一步假定上述数量的千万分之一是可为人们所利用的，即有 10^7 MW 为可利用的风能。它相当于当今全球发电能源的总需求，可见它是一个十分巨大的潜在能源库。然而阿尔克斯（von Arx. W. S.，1974）认为上述的量过大，这个量只是一个储藏量，对于可再生能源来说，必须跟太阳能的流入量对它的补充相平衡，其补充率较它小时，它将会衰竭，因此人们关心的是可利用的风的动能，他认为地球上可以利用的风能为 10^6 MW。因此在可再生能源中，风能是一种非常可观的、有前途的能源。古斯塔夫逊（M. R. Gustavson，1979）从另一个角度推算了风能利用的极限。他认为，风能从根本上说是来源于太阳能，因此可以通过估算到达地球表面的太阳辐射有多少能够转变为风能，来得知有多少可利用的风能。据他推算，到达地球表面的太阳能辐射流是 1.8×10^{17} W，即 350W/m^2，其中转变为风的转化率 $\eta = 0.02$，可以获得的风能为 3.6×10^{15} W，即 7W/m^2。在整个大气层中边界层占有 35%，也就是边界层中能获得的风能为 3×10^{15} W，即 2.5W/m^2。较稳妥的估计，在近地层中的风能提取极限是它的1/10，即 0.25W/m^2，全球的总量就是 1.3×10^{14} W。他估算了美国在大气边界层范围内风能获得量为 2×10^{13} W，而可以被提取利用的量是 2×10^{12} W，相当于美国发电总装机容量的 3 倍。我国目前发电总装机容量约 3×10^{11} W，因此即使利用风能可提取量的1/100，那也将是一个非常可观的能量来源。

根据风的气候特点，过短的观测资料不能准确反映该地的风况，必须有足够长时间的观测资料才有较好的代表性。一般来说，需要有 5~10 年的观测资料才能较客观地反映该地的真实状况。根据实际的大量计算结果检验表明，在计算风能时可以选取 10 年风速资料中年平均风速最大、最小和中间的 3 个年份为代表年份，分别计算该 3 个年份的风能，然后加以平均，其结果与长年平均值十分接近。

为了进一步具体估算我国风能资源的储量，力求客观准确地反映各省区所具有的风资源潜力，根据上述绘制完成的全国年平均风能密度分布图，对中国各省及全国的风能储量进行了细致的估算。中国气象科学研究院估算出了陆地上空离地 10m 高度层上的风能资源量，而非整层大气或整个近地层内的风能量，全国风能总储量 25.3×10^4 MW，各省的风能储量，见表 2-3。

表 2-3　　　　　　　　　　　　我国各省及地区风能储量

省份	实际可开发量/ （×10⁴ MW）	省份	实际可开发量/ （×10⁴ MW）
内蒙古	6.1775	河南	0.3675
辽宁	0.6058	宁夏	0.1484
黑龙江	1.7228	江苏	0.2376
吉林	0.6375	新疆	3.4330
青海	2.4214	安徽	0.2505
西藏	4.0845	海南	0.0640
甘肃	1.1430	江西	0.2929
台湾	0.1048	浙江	0.1635
河北	0.6119	陕西	0.2342
山东	0.3936	湖南	0.2465
山西	0.3871	福建	0.1372

第三章　风力机的空气动力学

翼型作为风力机叶片外形设计的基础，对叶片的空气动力特性、质量及风轮的风能利用率有重要影响。叶片翼型的设计决定了风力机功率特性和载荷特性，一直是风电行业以及航空业学者们研究的热点。最初风力机翼型采用传统的航空翼型，后来发展到风力机专用翼型。

风力机翼型与传统的航空翼型相比，有着不同的工作条件和性能要求，具体表现在：风力机叶片是在相对较高的雷诺数下运行的，一般在 10^6 量级，这时翼型边界层的特征发生了变化；风力机叶片在大入流角下运行，这时翼型的深失速特性显得十分重要；风力机作偏航运动时，叶片各剖面处的入流角呈周期性变化，需要考虑翼型的动态失速特性；风力机叶片在大气近地层运行，沙尘、碎石、雨滴、油污等会使叶片的表面粗糙度增加，影响翼型的空气动力学性能；从结构强度和刚度考虑，风力机的翼型相对厚度大，在叶片根部一般可达到 30% 左右。基于以上这些不同点，在翼型的设计过程中，了解风力机翼型周围流场的变化和各气动性能参数就显得尤为重要。

第一节　风力机叶片翼型

一、翼型的起源

风力机叶片沿展向某一位置的剖面的形状称之为翼型，如图 3-1 所示。

风力机叶片可将风能转化为机械能，而叶片是由不同扭角、不同弦长和不同外形的翼型沿展向排列而成。翼型的气动性能对风力机整机的性能具有决定性的影响。同一雷诺数下的不同翼型，其升力系数、阻力系数不尽相同。即便是同一翼型，翼型形状稍有变动（受侵蚀或结冰），其产生的升力或阻力也不尽相同，甚至出现升力减小、

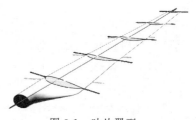

图 3-1　叶片翼型

阻力增大的不利情况。在航天器中，翼型的气动性能决定了飞行器飞行过程中飞行速度的快慢、能耗的大小、航时长短等问题。

翼型的研究再造起始于 19 世纪初期。人们发现将平板在入射气流中调整合适的角度便会产生一定的升力，随后相关学者们便猜想，若将板截面形状调整为具有一定的弧线，与鸟类的翅膀类似，板的升力特征会更加明显。

英国航空协会成员维纳姆（F. H. Wenhanm，1824—1908）于 1871 年设计并制造了世界上第一座风洞。维纳姆在自制风洞中测试了大量不同外形的早期翼型，并发现经特殊处理后的翼型在 15° 攻角下，升阻比可达到 5 左右。另一位英国航空先驱菲利普斯

（H. F. Philips，1845—1912），在 1880 年前后设计和改造了维纳姆式风洞，大大改善了试样气流的均匀性和平衡性。不过，菲利普斯更大的贡献在于对翼型的研究。他曾试验过上百种的翼型，单弯度、各种双弯度、甚至菱形形式。通过这些实验，他发现双弯度翼型即使在很小的攻角下也能产生升力。为检验获得的结论，菲利普斯制作了两个由蒸汽驱动的大型旋臂机，可以自动测量、试验试件的速度、倾角、升力和阻力的数据。

美国工程师、航天专家奥克塔夫·陈纳（Octave Chanute，1832—1910）于 1893 年发表文章《飞行器进展》，指出大部分航空试验研究变截面机翼更有意义，飞行器的成功与否取决于机翼能否提供持续的最大升力。

在翼型研究方面，"滑翔机之父"奥托·李林塔尔与奥克塔夫持有相同观点。奥托·李林塔尔从观察研究鸟类飞行，积累了大量关于鸟类的翅膀形状、面积和升力大小的数据，进入航空研究领域。

1861~1873 年期间，李林塔尔（G. Lilienthal，1849—1933）和弟弟古斯塔夫制造了多架动力飞机模型，但所依据的是前人留下的关于平板空气阻力和升力的实验数据，这些模型都不能飞起来。随后，他们决定自己制作翼型并试验，取得了气动力方面的第一手数据。他们在定量试验的基础上，获得了以下结论：升力与速度的平方成正比；利用平板机翼进行飞行是不可能的；弯曲翼面的升力特性比平板好得多。

1889 年，李林塔尔出版了《鸟类飞行——航空的基础》一书，该书集中讨论了鸟翼的结构、鸟的飞行方式和所体现的空气动力学原理，论述了人类飞行的种种问题，特别讨论了人造飞行机器翼面形状、面积大小和升力的关系。该书成了同时代和比他稍晚的航空先驱们的必读书，为航空发展做出了相当大的贡献。

之后，莱特兄弟发明的飞机，较为全面地继承了李林塔尔的翼型思想，同时做出了一些补充。1903 年，莱特兄弟研制出了薄而带正弯度的翼型，并将该翼型运用在第一件依靠自身动力进行载人飞行的飞机——飞行者 1 号，由此拉开了人类动力航空史的帷幕。

二、风力机翼型设计及优化

风力机翼型的发展在某种程度上来说是建立在低速翼型应用基础上的，如滑翔机翼型、FX-77 翼型以及 NASA 翼型等。为了适应风力机运行工况的要求，20 世纪 80 年代中期，国外开始研制风力机专用翼型。例如，美国的 NREL-S 系列翼型、丹麦的 Risφ 系列翼型、荷兰的 DU 系列翼型和瑞典的 FFA-W 系列翼型。

长期以来，翼型的设计离不开风洞试验。风洞试验是进行空气动力试验，进而获取气动性能数据最常用、最有效的工具。在飞机诞生以来相当长的一段时间内，风洞试验都是翼型设计最主要的手段。

国内翼型设计研究方面的工作起步较晚。中国空气动力研究与发展中心的贺德馨等在翼型上表面的恢复区内应用修改后的 Stratford 理想压力分布，采用 Weber 已知压力分布求解翼型外形的理论，设计出一套在低雷诺数时的新翼型，并对雷诺数为 $Re=5.6 \times 10^5$ 的情况进行了试验研究。西北工业大学的乔志德等针对兆瓦级大型风力机，研究发展了以具有优良雷诺数和高升力气动性能为特点的 WPU-WA 翼型系列，并进行了风洞试验对比研究，表明该翼型系列具有很高的气动性能。此外，国内还有一些学者对此进行了很多有价值的研究，都值得参考与借鉴。

随着计算方法和计算机技术的不断进步，利用电子计算机和离散化的数值方法来模拟流体运动的计算流体力学得到了很大的发展。CFD 技术的应用，减少了风洞以及其他的一些实验的使用，降低了气动设计成本，缩短了计算周期，提高了设计质量。

第二节　叶片翼型的几何参数与空气动力特性

一、叶片翼型的几何参数

叶片的几何参数是经叶片设计和试验后确定的，是叶片图样的重要组成部分，是对叶片进行生产加工、检查验收、模具制造和工艺装备的依据。叶片的几何参数如下。

（1）风轮直径（D）　叶片尖端在风轮转动中所形成圆的直径称为叶片直径，也称风轮直径。叶尖风电机的叶片距离风轮回转轴线的最远点称为叶尖。

（2）叶片长度（L）　叶片长度为叶片在风轮径向方向上的最大长度，即从叶片根部到叶尖的长度。叶片长度决定叶片的扫掠面积，体现收集风能的能力，决定配套风电机组的功率。随着风力机叶片设计技术的提高，风电机组不断向大功率、长叶片的方向发展。

叶片长度的增加必然增加叶片的质量。一般对于长度为 $10\sim60m$ 的叶片，增加的叶片质量与增加的长度的三次方成正比。此外，叶片质量还与材质有关。叶片质量的轻量化对运行、疲劳寿命、能量输出都有重要的影响，还可相应减轻轮毂、机舱、塔架等部件的质量。

叶片的长度受叶尖最高线速度的限制。实践证明叶尖最高线速度超过 100m/s 时容易损坏。考虑到安全系数，叶尖最高线速度一般不超过 65m/s。风轮直径与叶片转速的乘积即为叶尖最高线速度，因此叶尖最高线速度限定了叶片的最高转速。风电机组的切出风速一般在 $25\sim30m/s$，由此可以推算出叶片适宜的最大长度。

（3）叶片翼型　叶片翼型就是用垂直于叶片长度方向的平面截取得到的叶片截面形状。典型的翼型是具有弯度的扭曲型翼型，其表面为一条弯曲的曲线，空气动力特性较好，但加工工艺较复杂。

凸出的翼型表面为上翼面，平缓的翼型表面为下翼面。中弧线为翼型周线内切圆圆心连线，前缘为中弧线的最前端，后缘为中弧线的最后端，如图 3-2 所示。

（4）叶片弦长（C）　叶片弦长为连接叶片前缘与后缘的直线长度。最大弦长为叶片宽度，最小弦长在叶尖。叶片弦长沿叶片展向的变化，能使叶片所接受的风能平均地分配到整个叶片上。叶片最大弦长多在叶片长度的 $1/15\sim1/10$ 间选取。叶片根部宽、尖部窄的设计，既满足了叶片结构力学和空气动力学的要求，又减小了离心力，如图 3-2 所示。

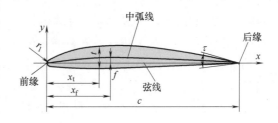

图 3-2　叶片翼型几何参数

（5）叶片厚度（t）　叶片弦长垂直方向的最大值称为叶片厚度。它是一个变量，沿叶片展向每一个截面都有各自的厚度。翼型的最大厚度所在的位置到前缘的距离称为最大厚度位置（x_t），通常以其与翼弦的比值来表示。一般叶片最大厚度在弦长的 30％处，如图 3-2 所示。

（6）叶片弯度（f） 中弧线到弦线的最大垂直距离称为翼型弯度，弯度与弦长的比值称为相对弯度。一般用相对弯度的大小来表示翼型的不对称程度。

（7）叶片攻角（α） 翼弦与前方来流速度方向之间的夹角即为攻角，如图 3-3 所示。

（8）叶片安装角（β） 风轮旋转平面与翼弦的夹角称为叶片的安装角或桨距角。安装角与风力机的启动转矩有关，如图 3-3 所示。

（9）叶片扭角 叶片尖部几何弦与根部几何弦夹角的绝对值称为叶片扭角。扭转叶片的扭转角一般在 6～18°，越向叶尖处随着叶尖速比 λ 的增大，叶片的迎风角越小，如图 3-4 所示。叶片扭角是叶片为改善空气动力学特性而设计的，同时具有预变形作用。

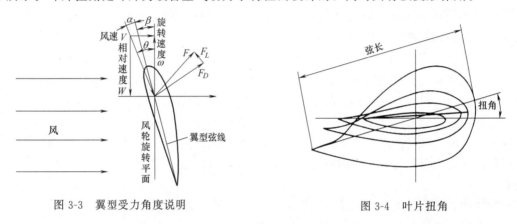

图 3-3　翼型受力角度说明　　　　　　　　图 3-4　叶片扭角

（10）叶片投影面积 叶片在风轮扫掠面积上的投影面积称为叶片投影面积。

（11）基准平面 叶片根部未开始扭转处几何弦与叶片根部接口处中心点所构成的平面称为基准平面。

二、叶片的受力情况

1. 翼型的升力和阻力

风轮叶片是风力机最重要的部件之一。它的平面形状与剖面几何形状和风力机的空气动力特性密切相关，特别是剖面几何形状即翼型气动特性的好坏，将直接影响风力机的风能利用。风力机的风轮一般由 3 个叶片组成。为了理解叶片的功能，即它们是怎样将风能转变成机械能的，必须了解有关翼型空气动力学的知识。

图 3-5 为空气流过静止翼型的受力，其攻角为 α。根据伯努利理论，翼型上方的气流速度较高，而下方的气流速度则比来流低。由于翼型上方和下方的气流速度不同（上方速度大于下方速度），因此翼型上、下方所受的压力也不同（下方压力大于上方压力），翼剖面上的压力如图 3-5 所示。上表面压力为负，下表面压力为正。总的合力 F 即为翼型在流动空气中所受到的空气动力。此力可分解为两个分力：一个分力 F_L 与气流方向垂直，它使翼上升，称为升力；另一个分力 F_D 与气流方向相同，称为阻力。升力和阻力与叶片在气流方向的投影面积 S、空气密度 ρ 及气流速度的平方成比例。

合力 F 可用下式表达：

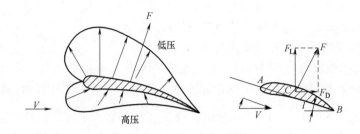

图 3-5　空气流过静止翼型的受力

$$F=\frac{1}{2}\rho C_r SV^2 \tag{3-1}$$

式中　ρ——空气密度，kg/m^3；

　　S——叶片面积，即叶片长×翼弦，m^2；

　　C_r——总的气动力系数。

这个力可以分解为两个分力垂直于气流速度 $\overline{V}$ 的分力——升力 F_L；平行于气流速度 $\overline{V}$ 的分力——阻力 F_D。F_L 和 F_D 可用下式表示：

$$F_L=\frac{1}{2}\rho C_L SV^2 \tag{3-2}$$

$$F_D=\frac{1}{2}\rho C_D SV^2 \tag{3-3}$$

C_L 和 C_D 分别为翼型的升力系数和阻力系数。由于这两个力互相垂直，所以

$$F^2=F_L^2+F_D^2 \tag{3-4}$$

C_L 和 C_D 值还与叶素翼型的攻角有关，翼型 NACA4318 升力系数/阻力系数随攻角变化的曲线如图 3-6 所示。

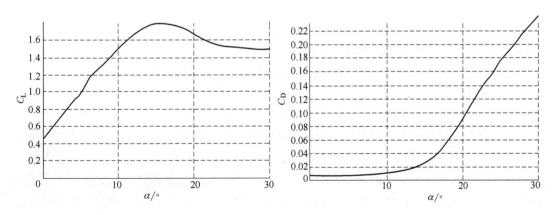

图 3-6　翼剖面的升力系数、阻力系数随攻角而变化

2. 风轮在静止情况下叶片的受力情况

风力机的风轮由轮毂及均匀分布安装在轮毂上的若干叶片所组成。图 3-7 所示的是三叶片风轮的启动原理。设风轮的中心轴位置与风向一致，当气流流经风轮时，在叶片Ⅰ和叶片Ⅱ上将产生气动力 F 和 F'。将 F 及 F' 分解成沿气流方向的分力 F_D 和 F_D'（阻力）及垂

直于气流方向的分力 F_L 和 F_L'（升力），阻力 F_D 和 F_D' 形成对风轮的正面压力，而升力 F_L 和 F_L' 则对风轮中心轴产生转动力矩，从而使风轮转动起来。

3. 风轮在转动情况下叶片的受力情况

若风轮旋转角速度为 ω，则相对于叶片上距转轴中心 r 处的小段叶片元（叶素）的气流速度 W（相对速度）将是垂直于风轮旋转面的来流速度 v 与该叶素的旋转线速度（$U=\omega r$）的矢量和，$\vec{v}=\vec{W}+\vec{U}$，如图 3-8 所示。可见这时以角速度 ω 旋转的风轮，在与转轴中心相距 r 处的叶素的攻角，已经不是 v 与翼弦的夹角，而是 W 与翼弦的夹角。以相对速度 W 吹向叶片元的气流，产生气动力 F，F 可分解为垂直于 W 方向的升力 L 及与 W 方向一致的阻力 D，于是长度为 dr 的叶素上所受空气动力的分力升力和阻力分别为：

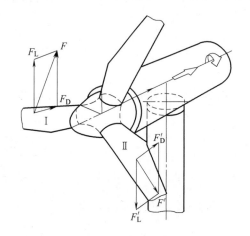

图 3-7　风力机启动时的受力情况

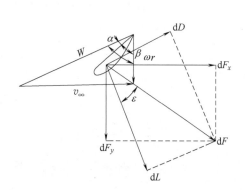

图 3-8　叶素受力分析

$$dL=\frac{1}{2}\rho C_L W^2 c\,dr \tag{3-5}$$

$$dD=\frac{1}{2}\rho C_D W^2 c\,dr \tag{3-6}$$

式中　C_L 和 C_D——升力系数和阻力系数。

作用在叶片 r 处 dr 的叶素上轴向推力和力矩：

$$dF_x = dL\cos\phi + dD\sin\phi \tag{3-7}$$

$$dF_y = dL\sin\phi - dD\cos\phi \tag{3-8}$$

由于风轮旋转时叶片不同半径处的线速度是不同的，而相对于叶片各处的气流速度 v 在大小和方向上也都不同，如果叶片各处的安装角都一样，则叶片各处的实际攻角都将不同。这样除了攻角接近最佳值的叶素升力较大外，其他部分所得到的升力则由于攻角偏离最佳值而不理想，所以这样的叶片不具备良好的气动力特性。为了在沿整个叶片长度方向均能获得有利的攻角数值，就必须使叶片每一个截面的安装角随着半径的增大而逐渐减小。在此情况下，有可能使气流在整个叶片长度均以最有利的攻角吹向每个叶素，从而具有比较好的气动力性能，而且各处受力比较均匀，也增加了叶片的强度。这种具有变化的安装角的叶片称为螺旋桨形叶片，而各处安装角均相同的叶片称为平板形叶片。显然，螺旋桨形叶片比起平板形叶片要好得多。

尽管如此，由于风速是在经常变化的，风速的变化也将导致攻角的改变。如果叶片装好后安装角不再变化，那么虽在某一风速下可能得到最好的气动力性能，但在其他风速下则未必如此。为了适应不同的风速，可以随着风速的变化，调节整个叶片的安装角，从而有可能在很大的风速范围内均可以得到优良的气动力性能。这种桨叶称为变桨距式叶片，而把安装角一经装好就不能再变动的叶片称为定桨距式叶片。显然，从气动性能来看，变桨距式螺旋桨型叶片是一种性能优良的叶片。还有一种可以获得良好性能的方法，即风力机采取变速运行方式。通过控制输出功率的办法，使风力机的转速随风速的变化而变化，两者之间保持一个恒定的最佳比值，从而在很大的风速范围内均可使叶片各处以最佳的攻角运行。

三、翼型的确定

在设计风轮叶片时，必须事先选择好翼型。表 3-1 给出了各种翼型作图用数据。表中的数据是对弦长的百分比。如果设计者确定了弦长，就可通过简单的计算画出正确的翼型图。

下面以 NACA4412 翼型为例。因表 3-1 中的每个数值是对弦长的百分比，现在翼型弦长假设为 100cm，只要将 NACA4412 的数值乘上 100 就可得到相应的数据。为了作图，准备好坐标纸。首先在坐标纸的中央画一条等于弦长的水平线。然后，以这条线的左端（前缘）为零点，向右侧标出各点的位置。在每个位置的上面和下面的尺寸是各自距水平线的距离，负值点在中心线的下面。

表 3-1 最下面一行的 L_R 表示前缘半径，这个值也是对弦长的百分比。对 NACA4412 翼型，L_R 为 1.58。如弦长为 100cm，则前缘半径 $L_R = 1.58$cm。这样，利用曲线板和圆规就可描出此翼型曲线。

表 3-1　　　　　　　　　　各种翼型的位置和纵坐标　　　　　　　　单位：％

位置	St. CYR234		NACA0012		NACA4412		NACA4418		FX72-MS-150B	
	上面	下面	上面	下面	上面	下面	上面	下面	上面	下面
0.00	6.42	6.42	0.00	0.00	0.00	0.00	0.00	0.00	0.00	0.00
1.25	9.55	3.75	1.89	−1.89	2.44	−1.43	3.76	−2.11	2.77	−1.37
2.50	11.00	2.70	2.62	−2.62	3.39	−1.95	5.00	−2.99	3.44	−1.80
5.00	12.70	1.40	3.56	−3.56	4.73	−2.49	6.75	4.06	4.81	−2.48
7.50	13.80	0.85	4.20	−4.20	5.76	−2.74	8.06	−4.67	5.46	−2.76
10.00	14.60	0.50	4.68	−4.68	6.59	−2.86	9.11	−5.06	6.59	−3.26
20.00	16.20	0.20	5.74	−5.74	8.80	−2.74	11.72	−5.56	8.33	−3.75
30.00	16.55	0.65	6.00	−6.00	9.76	−2.26	12.76	−5.26	9.13	−3.39
40.00	16.10	1.10	5.80	−5.80	9.80	−1.80	12.70	−4.70	9.04	−2.55
50.00	15.20	1.35	5.29	−5.29	9.19	−1.40	11.85	−4.02	8.43	−1.42
60.00	13.30	1.90	4.56	−4.56	8.14	−1.00	10.44	−3.24	7.40	−0.30
70.00	10.80	1.35	3.66	−3.66	6.69	−0.65	8.55	−2.45	6.08	0.55
80.00	7.75	1.05	2.62	−2.62	4.89	−0.39	6.22	−1.67	4.05	1.07
90.00	4.00	0.50	1.45	−1.45	2.71	−0.22	3.46	−0.93	1.78	0.85
100.00	0.00	0.00	0.00	0.00	0.00	0.00	0.00	0.00	0.00	0.00
			$L_R = 1.58$		$L_R = 1.58$		$L_R = 3.56$			

注：L_R 表示前缘半径。

第三节　风力机叶片设计理论

一、贝茨极限

1919 年德国空气动力学家 Albert Betz 提出了贝茨极限。世界上第一个关于风力机风轮叶片接受风能的完整理论是由他建立的。贝茨理论的建立，将风轮理想化。

① 风轮被称为制动盘，这个制动盘没有轮毂，叶片数无穷多；

② 对空气流没有阻力，没有摩擦能量损耗；

③ 风轮前后都是定常流，气流流动模型可简化成如图 3-9 所示的流束；

④ 空气流是连续的，不可压缩的，作用在风轮上的推力是均匀的；

⑤ 不考虑风轮的尾流旋转；

⑥ 风轮前未受扰动的气流静压和风轮后远方的气流静压相等。

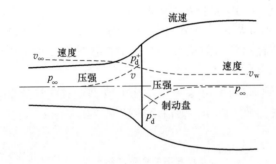

图 3-9　流经制动盘的流速

单位时间内通过特定截面的空气质量是 $\rho f v$，其中 ρ 为空气密度（kg/m³），f 为横截面积（m²），v 为流体速度（m/s）。则有

$$\rho f_\infty v_\infty = \rho f v = \rho f_w v_w \tag{3-9}$$

∞ 代表上游无穷远处的参数；w 代表在尾流远端的参数。

制动盘导致气流速度发生变化，诱导气流在气流方向的分量为 $-a v_\infty$，其中 a 为轴向气流诱导因子。所以在制动盘上，气流方向的净速度为

$$v = (1-a) v_\infty \tag{3-10}$$

由此，在制动盘面处，轴流诱导因子

$$a = \frac{v_\infty - v}{v_\infty} \tag{3-11}$$

单位时间内风作用在叶片上的推力由动量定理求得

$$T = (v_\infty - v_w) \rho f v \tag{3-12}$$

式中　T——气流所受的作用力，N。

引启动量变化的力完全来自制动盘前后静压力的改变，所以有

$$(p^+ - p^-) f = (v_\infty - v_w) \rho f v_\infty (1-a) \tag{3-13}$$

式中　p^+——制动盘前气流静压，Pa；

　　　p^-——制动盘后气流静压，Pa。

对流束的上风向和下风向分别使用伯努利方程，可以求得压力差（$p^+ - p^-$）。

对上风向气流有

$$\frac{1}{2}\rho_\infty v_\infty^2 + p_\infty + \rho_\infty g h_\infty = \frac{1}{2}\rho v^2 + p^+ + \rho g h \tag{3-14}$$

由于假设气体是不可压缩的，$\rho_\infty = \rho$，并且在水平方向 $h_\infty = h$，那么有

$$\frac{1}{2}\rho v_\infty^2 + p_\infty = \frac{1}{2}\rho v^2 + p^+ \tag{3-15}$$

同样下风向气流有

$$\frac{1}{2}\rho v_w^2 + p_\infty = \frac{1}{2}\rho v^2 + p^- \tag{3-16}$$

式（3-15）和式（3-16）相减得到

$$(p^+ - p^-) = \frac{1}{2}\rho(v_\infty^2 - v_w^2) \tag{3-17}$$

把式（3-17）代入式（3-13），得到

$$\frac{1}{2}\rho(v_\infty^2 - v_w^2)f = (v_\infty - v_w)\rho f v_\infty(1-a) \tag{3-18}$$

因此

$$v_w = (1-2a)v_\infty \tag{3-19}$$

制动盘作用在气流上的力，可由式（3-19）代入式（3-13）导出

$$T = (p^+ - p^-)f = 2\rho f v_\infty^2 a(1-a) \tag{3-20}$$

这个力在数值上等于气流对制动盘的反作用力，因此气体输出功率

$$P = Tv = 2\rho f v_\infty^3 a(1-a)^2 \tag{3-21}$$

定义风能利用系数

$$C_P = \frac{P}{\frac{1}{2}\rho v_\infty^3 f} \tag{3-22}$$

其中分母表示横截面积为 f 的自由流束所具有的风功率。将式（3-21）代入式（3-22），得

$$C_P = 4a(1-a)^2 \tag{3-23}$$

要想求得 C_P 的最大值，解方程

$$\frac{\mathrm{d}C_P}{\mathrm{d}a} = 0$$

即

$$4(1-a)(1-3a) = 0 \tag{3-24}$$

得到 $a = \frac{1}{3}$，$a = 1$。后者为增根，可以舍去。将 $a = \frac{1}{3}$ 代入式（3-22）得

$$C_{P\max} = \frac{16}{27} = 0.593 \tag{3-25}$$

制动盘处最大风速

$$v = \frac{2}{3}v_\infty \tag{3-26}$$

这个值称为贝兹极限。它是水平轴风力机的风能利用系数的最大值。

二、简化风车理论

简化理论运用了两种作用力的估算方法，动量转换估算和气动估算，假定这两种估算的结果一致，得到一种叶片弦长的关系式，这是其他风力机设计理论的基本方法。

1. 简化风车理论的第一种估算法

根据贝茨理论，整个风轮的轴向推力可由下式求出：

$$T = \frac{1}{2}\rho f(v_\infty^2 - v_w^2) \tag{3-27}$$

通过风轮的风速为

$$v = \frac{v_\infty + v_w}{2} \tag{3-28}$$

当 $v_\infty = \dfrac{v_w}{3}$ 时，输出功率达到最大值。此时轴向推力 T 和通过风轮扫掠面的风速 v 为

$$T = \frac{4}{9}\rho f v_\infty^2 = \rho f v^2 \tag{3-29}$$

$$v = \frac{2}{3}v_\infty \tag{3-30}$$

假设作用在风轮上的轴向推力与扫掠面积成正比，则在 r，$r+dr$ 区间扫掠面上的轴向推力为

$$dT = \rho v^2 df = 2\pi \rho v^2 r dr \tag{3-31}$$

2. 简化风车理论的第二种估算法

如图 3-10 所示，设风轮的旋转角速度为 ω，半径 r 处 dr 的叶素上所受其合力为

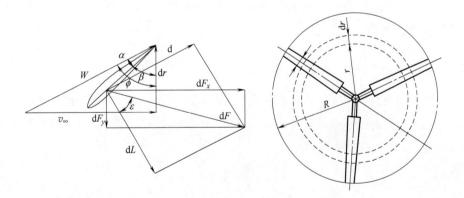

图 3-10　简化风车理论作用在翼型上的力

$$dF = \frac{dL}{\cos\varepsilon} \tag{3-32}$$

式中　ε——dF 和 dL 之间的交角；

L——距转轴 r 处叶素的弦长。

又因为

$$W = \frac{v}{\sin\phi} \tag{3-33}$$

$$dF = \frac{1}{2}\rho C_L \frac{W^2}{\cos\varepsilon}c\,dr = \frac{1}{2}\rho C_L \frac{v^2}{\sin^2\phi}\frac{c\,dr}{\cos\varepsilon} \tag{3-34}$$

将 dF 投影到转轴上，设叶片数为 B，则 r，r+dr 段产生的轴向推力 dT 为

$$dF_x = dT = \frac{1}{2}\rho C_L B \frac{v^2}{\sin^2\phi}\frac{\cos(\phi-\varepsilon)}{\cos\varepsilon}c\,dr \tag{3-35}$$

而

$$dF_y = \frac{1}{2}\rho C_L B \frac{v^2}{\sin^2\phi}\frac{\sin(\phi-\varepsilon)}{\cos\varepsilon}c\,dr \tag{3-36}$$

联立式（3-31）、式（3-35）得到

$$C_L Bc = 4\pi r \frac{\sin^2\phi\cos\varepsilon}{\cos(\phi-\varepsilon)} \tag{3-37}$$

将 $\cos(\phi-\varepsilon)=\cos\phi\cos\varepsilon+\sin\phi\sin\varepsilon$ 代入上式得到

$$C_L Bc = 4\pi r \frac{\tan^2\phi\cos\phi}{1+\tan\varepsilon\tan\phi} \tag{3-38}$$

在风力机最佳运行条件下，通过风轮的风速为

$$v = \frac{2}{3}v_\infty$$

因此从下式可以求出入流角：

$$\cot\phi = \frac{\omega r}{v} = \frac{3}{2}\frac{\omega r}{v_\infty} = \frac{3}{2}\lambda \tag{3-39}$$

将这个结果代回式（3-38），得到

$$C_L Bc = \frac{16}{9}\frac{r}{\sqrt{\lambda^2 + \frac{4}{9}\left(1+\frac{2}{3\lambda}\tan\varepsilon\right)}} \tag{3-40}$$

由于在正常运转情况下，$\tan\varepsilon = \dfrac{dD}{dL} = \dfrac{1}{\tan\theta}$ 的值一般很小，对于普通翼型，攻角接近于最佳值时，$\tan\varepsilon \approx 0.02$，在叶尖处和距转轴半径 r 处的尖速比分别为 $\lambda_0 = \dfrac{\omega R}{v_\infty}$，

$$\lambda = \frac{\omega r}{v_\infty} = \lambda_0 \frac{r}{R} \tag{3-41}$$

将式（3-41）代入式（3-40），得到

$$C_L Bc = \frac{16\pi}{9}\frac{R}{\lambda_0 \sqrt{\left(\lambda_0^2\frac{r}{R}\right)^2 + \frac{4}{9}}}$$

所以弦长

$$c = \frac{16\pi}{9BcC_L\lambda_0}\frac{R}{\sqrt{\left(\lambda_0\frac{r}{R}\right)^2 + \frac{4}{9}}} \tag{3-42}$$

叶尖速比 λ_0 和风轮直径确定后，可由下式计算不同半径 r 处的入流角 ϕ

$$\phi = \text{arccot}\frac{3}{2}\lambda_0\frac{r}{R} \tag{3-43}$$

三、Glauert 理论

旋涡理论的优点在于考虑了通过叶轮的气流诱导转动。叶轮旋转工作时，流场并不是简单的一维定常流动，而是一个三维流场，在流场中会形成三种旋涡。一种是由于气流流经旋转的叶轮，通过叶片尖部的气流迹线为螺旋线，在流场中形成螺旋涡流；同样在轮毂附近有同样的旋涡形成中心涡流；另外，气流通过叶片时，由于叶片表面上下压力不同，也形成涡流，这个涡流叫边界涡流。正因为涡流的存在，流场中轴向和周向速度发生变

化，即引入诱导因子。

Glauert 理论的设计方法是考虑风轮后涡流流动的叶素理论（即考虑轴向诱导因子 a 和切向诱导因子 b）；但在另一方面，该方法忽略了叶片翼型阻力和叶梢损失的作用，这两者对叶片外形设计的影响较小，仅对风轮的效率 C_p 影响较大。Glauert 方法在目前仍得到广泛的应用，但应注意对接近根部处的过大弦宽和扭角要修正。

第四节　风力机运行特性

一、定桨距叶尖失速控制

定桨距叶尖失速控制调速是当代风电机常用的主要调速方式之一。定桨距就是叶片的安装角是固定的，即叶片固定在轮毂上不能转动。在叶尖上有一段叶是可以转动的，在额定风速下叶尖上可动的一段叶片与固定叶片保持一致，当风速超过额定风速时，可动叶尖在液压和机械动力的驱动下，转动一定角度，使可动叶尖失速对风形成阻力，风越大则转的角度越大，对风的阻力也越大，从而保持叶片运转在额定风速下。当风速减小时上面的过程正好相反。当风速达到停机风速时，可动叶尖对风轮动转完全形成阻力，致使风轮停下转动，也称空气制动或刹车。

二、可变桨距调速

可变桨距调速是现代风电机的主要调速方式之一。当风速增大使叶片转速迅速加快时，微机会发出指令，电磁阀打开，变桨距液压油缸动作，拉动叶片使叶片转动一定角度，增大安装角，使叶片接受风能减少，维持风轮运转在额定转速范围内。反之，当风速减小时，微机会发出指令，减小叶片的安装角以使叶片接受风能增加，维持风轮转速在额定转速的范围内。变桨距调速装置也有多种形式，上述为液压变桨距调速装置。变桨距调速装置还有一种由调速电机来驱动的。

三、空气动力调速

空气动力调速装置的机理是在叶尖上或叶片中部安装一块阻尼板，在额定风速下，阻尼板随风轮运转的离心力与弹簧的拉力平衡，并保持在风轮转动中受空气阻力最小的位置。当风速超过额定风速时，阻尼板由于离心力的作用而张开，造成空气阻力使风轮转速保持在额定转速的范围内，当风速减小时，离心力减小，靠弹簧的拉力把阻尼板又拉回来，减小空气阻力，使风轮稳定在额定转速范围内。

第四章　风电机组的结构

第一节　水平轴风电机组

一、风电机组的基本结构

风电机组由风轮、机舱、塔架和基础等几个部分构成，如图 4-1 所示。

风电机组的内部结构由以下基本部分构成。

风轮系统：包括叶片、轮毂及变桨距系统等。

传动系统：包括主轴及主轴承、齿轮箱、高速轴和联轴器等。

偏航系统：包括偏航电机、偏航轴承、偏航制动机构等。

制动系统：包括空气动力制动、机械制动等。

支撑系统：包括主机架、机舱、塔架、基础等。

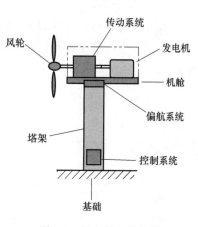

图 4-1　风电机组的结构

发电系统：包括发电机、变流器等。

控制系统：包括传感器、电气设备、计算机控制系统和相应软件。

液压系统：主要为高速轴上的制动装置、偏航制动装置提供液压动力。包括液压站、输油管和执行机构。

冷却系统：为了实现齿轮箱、发电机、变流器的温度控制，设有循环油冷却风扇和加热器。

润滑系统：实现传动部件的润滑。

避雷系统：包括接闪器、引下导体和接地地网。

二、风电机组的主要参数

1. 风电机组的特性参数

（1）风轮直径与扫掠面积　风轮直径是风轮旋转时的外圆直径，也指风轮在旋转平面上投影圆的直径。风轮直径说明机组能够在多大范围内捕获风中蕴含的能量，是机组发电能力的基本标志。风轮直径应当根据不同的风况与额定功率匹配，以获得最大的年发电量和最低的发电成本，配置较大直径的风轮供低风速区选用，配置较小直径的风轮供高风速区选用。

　　风轮扫掠面积是指风轮在旋转平面上的投影圆的面积。风轮直径的大小决定了风轮扫掠面积的大小以及叶片的长度，是影响机组容量大小和机组性价比的主要因素之一。风轮直径增加，其扫掠面积成平方增加，其获取的风功率也相应增加。早先的风电机组直径很小，额定功率也相对较低。大型兆瓦机组的风轮直径在 70～80m 范围。

　　(2) 风能利用系数（C_p）　由空气动力学可知，风的动能与风速的平方成正比，风的功率与风速的立方成正比，在风速为 v 时，风力机的输入功率 P_{in} 可以用下式表示：

$$P_{in} = \frac{1}{2}\rho A v^3 \tag{4-1}$$

$$A = \pi R_w^2 \tag{4-2}$$

式中　ρ——空气密度，kg/m^3；

　　A——风轮扫掠面积，m^3；

　　v——风速，m/s；

　　R_w——风轮半径，m

　　如果通过叶轮扫掠面的风能全部被风力机叶片吸收，那么经过叶轮后风速应该等于零。然而空气不可能完全静止不动，因此风力机的效率总小于 1，由此可以定义风力机的风能利用系数 C_P：

$$C_P = \frac{P_o}{P_{in}} \tag{4-3}$$

式中　P_o——风力机叶片吸收的功率，W

　　所以，风力机吸收的功率 P_o 可以用下式表示：

$$P_o = \frac{1}{2}\rho A v^3 C_P \tag{4-4}$$

　　式中，风能利用系数 C_P（也称功率系数）是表征风力机效率的重要参数，即指风力机的风轮能够从自然界风中获得的能量与风轮扫掠面积内的未扰动气流所含风能的百分比。风能利用系数与风速、叶片转速、风轮半径、桨叶节距角均有关系，因此风力机 C_P 特性比较复杂，但是风力机的最大风能利用系数 C_{pmax} 通过"贝茨极限理论"可知，$C_{pmax} \approx 0.593$。不同类型风轮的风能利用系数不同，一般并网型风电机组的风能利用率都应在 0.4 以上。

　　(3) 风力机输出功率（P_{out}）　风力机输出功率 P_{out} 指风力机轴的输出功率。风力机轴功率的大小是评价风轮气动特性优劣的主要参数。它主要取决于风的能量和风轮的风能利用系数，即风轮的气动效率。一般说来，风力机在无负载时达到最高转速，随着负荷的增加，转速降低，当与负荷平衡时，转速保持稳定。

　　(4) 额定功率　风电机组的额定功率指的是正常工作条件下，风电机组能够达到的最大连续输出电功率。风电机组最主要的参数是额定功率和风轮直径，为产品型号的组成部分。

　　(5) 功率曲线　在风电机组产品样本中都有一个功率曲线图，如图 4-2 所示，横坐标是风速，纵坐标是机组的输出功率。

　　功率曲线主要分为上升和稳定两部分。机组开始向电网输出功率时的风速称为切入风速。随着风速的增大，输出功率上升，输出功率大约与风速的立方成正比。达到额定功率值时的风速称为额定风速。此后风速再增加，由于风轮的调节，功率保持不变。定桨距风

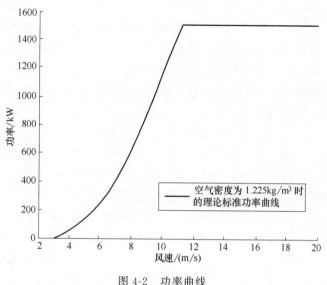

图 4-2　功率曲线

轮失速有个过程，超过额定风速后功率略有上升，然后又下降。如果风速继续增加，为了保护机组的安全，规定了允许机组正常运行的最大风速，称为切出风速。机组运行时遇到这样的大风必须停机与电网脱开，输出功率立刻降为 0，功率曲线到此终止。功率曲线的测试要有专用的测风塔，严格按照国际电工委员会（IEC）制定的标准方法进行。对应于风速的实测功率值是很分散的，最终得出的功率曲线是大量实测曲线，是不规范的，只能作为参考。

　　另外，应注意样本上提供的功率曲线是换算成标准空气密度条件下的数值，在应用时要考虑现场的实际情况。

　　（6）叶尖速比（λ）　为了便于分析 C_P 特性，定义风力机的另一个重要参数叶尖速比 λ，即风力机叶片尖端线速度与风速之比，如下式所示：

$$\lambda = \frac{u}{v} = \frac{R_W \omega_W}{v} = \frac{\pi n_W}{30 v} \tag{4-5}$$

$$v = \frac{\omega_W R}{\lambda} \tag{4-6}$$

式中　　u——风轮叶尖线速度，m/s；

　　　　ω_W——叶片旋转角速度，rad/s；

　　　　n_W——叶片转速，r/min。

　　阻力型风力机叶尖速比一般为 0.3～0.6，升力型风力机叶尖速比一般为 3～8。在升力型风力机中，叶尖速比直接反映了相对风速与叶片运动方向的夹角，即直接关系到叶片攻角的大小，是分析风力机性能的一个重要参数。

　　在风能发电机组总体设计时提出：对于较高叶尖速比状态下的风电机，风轮具有较高的效率。对于特定的风轮，其叶尖速比不是随意而定的，它是根据风电机组的类型、叶尖的形状和电机传动系统的参数来共同确定的。不同的叶尖速比意味着所选用或设计的风轮实度具有不同的数值。设计要求的最佳叶尖速比，是指在此叶尖速比上，所有的空气动力学参数接近于它们的最佳值，以使风轮效率达到最大值。

在同样直径下，高速风电机组比低速风电机组成本要低，由阵风引起的动负载影响亦要小一些。另外，高速风电机组运行时的轴向推力比静止时大。高速风电机组的启动转矩小，启动风速大，因此要求选择最佳的弦长和扭角分布。如果采用变桨距的风轮叶片，那么在风轮启动时，变距角要调节到较大值，随着风轮转速的增加逐渐减小。当确定了风电机组叶尖速比范围之后，要根据风轮设计风速和发电机转速来选择齿轮箱传动比，最后进行叶尖速比的计算，确定其设计参数。

（7）叶片数（B）　一般风轮叶片数取决于风轮的叶尖速比 λ。目前用于风力发电的一般属于高速风电机组，即 λ 取 4～7 左右，叶片数一般取 2～3。用于风力提水的风力机一般属于低速风力机，叶片数较多。叶片数多的风力机在低的叶尖速比运行时有较低风能利用系数，即有较大的转矩，而且启动风速低，因此适用于提水；而叶片数少的风电机组在高叶尖速比运行时有较高的风能利用系数，且启动风速较高。另外，叶片数目的确定应与实度一起考虑，既要考虑风能利用系数，也要考虑启动性能，总之要以达到最多的发电量为目标。由于三叶片的风电机的运行和输出功率较平稳，目前风电机采用三叶片的较多。

（8）风轮实度（σ）　风力机叶片的总面积 A_O 之和与风轮扫掠面积之比值称为实度，是风力机性能的重要特征系数。即：

$$\sigma = \frac{BA_O}{\pi R_w^2} \tag{4-7}$$

实度大小的确定要考虑以下三个因素：风轮的力矩特性，特别是启动力矩；风轮的转动惯量；电机传动系统特性。具体大小取决于叶尖速比。一般来说，实度大的风力机属于叶尖速比小的大扭矩、低转速型，如风力提水机；而实度小的风力机属于叶尖速比大的小扭矩、高转速型。对风电机，因为要求转速高，因此风轮实度取得小。自启动风电机组的实度是由预定的启动风速来决定的，启动风速小，要求实度大。通常风电机组实度大致在 5%～20% 这一范围。

2. 风力机的基本特性

风力机特性通常用一簇风能利用系数 C_P 的无因次曲线来表示，如图 4-3 所示。

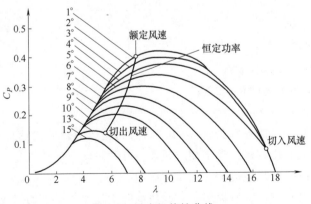

图 4-3　风力机特性曲线

由图 4-3 可以看出，$C_P(\lambda)$ 曲线是关于桨叶节距角 β 的函数，且当 β 角增大时，$C_P(\lambda)$ 曲线显著缩小。定桨距机桨叶节距角 β 在运行中固定某一优化 β 角度运行，而变速恒频机组多采用变桨距机，当风速在切入风速和额定风速之间时，变桨距机同样固定于某一

优化 β 角度运行，此时风力机特性可以用一根曲线表示，如图 4-4 所示。

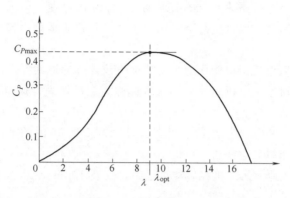

图 4-4 固定某一 β 角运行的风力机特性曲线

那么由式 4-3 可知，如果风速不变，风力机输出功率的大小将取决于 C_P。如果在任何风速下，风力机都能在（λ_{opt}、C_{Pmax}）点运行，其输出功率就最大。因此，根据图 4-5，风速变化时，只要调节风力机转速，使其叶尖速度与风速之比保持 λ_{opt} 不变，就可获得最大风能利用系数。

风力机输出功率 P_{out}、输出转矩 T_O 与风力机叶片旋转角速度 ω_w 的关系如下所示：

$$P_{out} = K_T \omega_W^3 \qquad (4\text{-}8)$$

$$T_O = K_T \omega_W^2 \qquad (4\text{-}9)$$

令式中 K_T 为输出功率常数

$$K_T = \frac{1}{2} \rho A \left(\frac{R_W}{\lambda} \right)^3 C_P$$

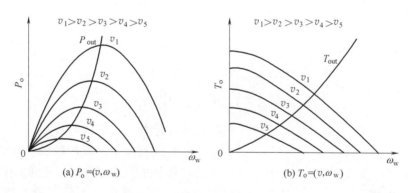

图 4-5 风力机特性曲线

3. 风电场常用的风速参数

风电系统输出的电功率与风电机的设计风速密切相关。设计风速包括：额定风速、切入风速和切出风速。其风电场常用的风速参数介绍如下。

（1）额定风速 风电机达到额定功率输出时规定的风速称为额定风速。额定风速是一个非常重要的参数，它直接影响到风电机组的尺寸和成本。额定风速取决于安装风电机组地区的风能资源。风能资源既要考虑到平均风速的大小，又要考虑风速的频度。

（2）切入风速 风电机开始发电时，轮毂高度处的最低风速称为切入风速，风电机常取 3～4m/s 为切入风速。

（3）切出风速　风电机超速运行的上限风速称为切出风速，即风电机组正常运行的最大风速。大于切出风速时，风电机必须停转，否则将有超速运转而损坏的危险。风电机常取 25m/s 为切出风速。

（4）安全风速　风电机组机构所能承受的最大设计风速称为安全风速。

（5）启动风速　可使风电机启动运行的风速称为启动风速，风电机常取 3m/s 为启动风速。

（6）3s 平均风速　在风力机运行过程中，只要检测到 3s 内的平均风速超出了风力机的最大切出风速，风力机就会停机。

（7）10min 平均风速　风力机在启动过程中，只要 10min 平均风速达到风力机的切入速度，风力机就会启动。

（8）年平均风速　根据年平均风速，可以得知该地区的风能资源是否丰富，是否具有开发风电场的意义。年平均风速大于 3m/s 的年小时数决定了风电机的工作效率及经济性，表明风电场在一年内风电机可以启动工作的小时数。

（9）有效风速　有效风速是指风力机的启动和停机之间的风速。

（10）参考风速　参考风速为 50 年一遇的、在轮毂高度处能持续 10min 的阵风平均风速。

（11）极限风速　极限风速为 1.4 倍的参考风速，其决定了风电机设计时的强度和刚度指标。风电机要想安全地工作，风电机组及其零部件就必须保证在瞬时最大风速时不会损坏。

第二节　风　　轮

风轮是把风的动能转变为机械能的重要部件，主要由两只（或更多只）螺旋桨形状的叶片、轮毂和变桨距系统等组成，如图 4-6 所示。

一、叶　　片

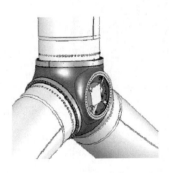

图 4-6　风轮系统

叶片根部安装在轮毂上，形成悬臂梁形式。当风吹向叶片时，叶片上产生气动力驱动风轮转动。静止状态的风轮和以非常高转速旋转的风轮都不会产生功率，在这两种极端情况之间，有一个使风电机组获得最大功率的转速。由于风轮转速较低，加之风的大小和方向经常变化着，又使风轮转速不稳定，所以，在带动发电机之前，还必须附加一个能把转速提高到发电机额定转速的齿轮变速箱和一个调速机构，使转速保持稳定，然后再连接到发电机上。为保持风轮始终对准风向以获得最大的功率，还需在风轮的后面装一个类似风向标的尾翼。制造叶片的材料要求强度高、质量轻，目前多用玻璃钢或其他复合材料（如碳纤维）加工而成。

风电机组的空气动力特性取决于风轮的几何形式，风轮的几何形式取决于叶片数，叶片的弦长、扭角、相对厚度分布以及叶片所用翼型的空气动力特性等。

1. 叶片应满足的基本要求

风电机组的风轮叶片是接受风能的主要部件，也是风电机组中最核心的部分之一，图4-7所示为叶片外形。叶片的翼型设计、结构形式直接影响风力发电装置的性能和功率，因此风力机叶片应满足以下设计要求。

（1）叶片应具有良好的空气动力外形，如高效的接受风能的翼型、合理的安装角、科学的升阻比、叶尖速比和叶片扭角等，能够充分利用风电场的风资源条件，获得尽可能多的风能。

（2）由于叶片直接迎风获得风能，所以还要求叶片具有合理的结构、优质的材料和先进的工艺，以使叶片能够可靠地承担风力、叶片自重、离心力等给予叶片的各种弯矩、拉力，避免发生共振和颤振现象，且振动和噪声小。

（3）要求叶片质量轻、结构强度高、疲劳强度高、运行安全可靠、易于安装、避免叶片和塔架碰撞、制造容易、制造成本和使用成本低。

（4）叶片表面要光滑，以减少叶片转动时与空气的摩擦阻力。

（5）耐腐蚀、防雷击性能好、方便维护。

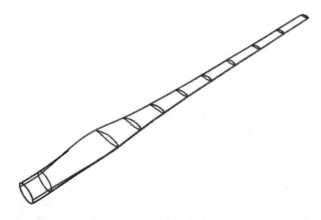

图 4-7　叶片外形

2. 叶片类型

风力机叶片按照其做功的原理，分为升力叶片和阻力叶片。依靠风对叶片的升力推动叶片绕轴旋转的叶片称为升力型叶片；依靠风对叶片的阻力推动叶片绕轴旋转的叶片称为阻力型叶片。

3. 叶片材料

风电机的叶片是一个复合材料制成的薄壳结构，结构上分根部、外壳、龙骨三个部分。类型多种，有尖头、平头、钩头、带襟翼的尖部等。用于加工叶片的材料有木头、金属、工程塑料、玻璃钢等。

（1）木制或布蒙皮叶片　近代的微小型风电机也有采用木制叶片的，但木制叶片不易做成扭曲型。大中型风电机很少用木制叶片，采用木制叶片的也是用强度很好的整体木方做的叶片纵梁来承担叶片在工作时所必须承担的力和弯矩。

（2）钢梁玻璃纤维蒙皮叶片　叶片在近代采用钢管或 D 型钢作纵梁，钢板作肋梁，内填泡沫塑料，外覆玻璃钢蒙皮的机构形式，一般在大型风电机上使用。叶片纵梁的钢管及 D 型型钢从叶根至叶尖的截面应逐渐变小，以满足扭曲叶片的要求并减轻叶片质量，即做成等强度梁。

(3) 铝合金等弦长挤压成型叶片　用铝合金挤压成型的等弦长叶片易于制造，可定制生产，又可按设计的要求进行扭曲加工，叶根与轮毂连接的轴及法兰可通过焊接或螺栓连接来实现。铝合金叶片质量轻、易于加工，但不能做到从叶根至叶尖渐缩的叶片，因为目前世界各国尚未解决这种挤压工艺。另外，铝合金材料在空气中的氧化和老化问题也值得研究。

(4) 玻璃钢叶片　所谓玻璃钢 (glass fiber reinforced plastic，GFRP) 就是环氧树脂、不饱和树脂等塑料渗入长度不同的玻璃纤维或碳纤维而做成的增强塑料。增强塑料强度高、质量轻、耐老化，表面可再缠玻璃纤维及涂环氧树脂，其他部分填充泡沫塑料。泡沫在叶片中的主要作用是在保证其稳定性的同时降低叶片质量，使叶片在满足刚度的同时增大捕风面积。从泡沫的力学性能和价格等因素考虑，目前被用于风力发电叶片芯材的泡沫主要有聚氯乙烯 (PVC)、聚苯乙烯 (PS)、聚氨酯 (PUR)、丙烯腈-苯乙烯 (SAN)、聚醚酰亚胺 (PEI) 及聚甲基丙烯酰亚胺 (PMI)、聚对苯二甲酸乙二醇酯 (PET) 等。PVC 泡沫使用最为广泛，也是第一种用在承载构件夹层结构中的结构泡沫芯材，也称为交联 PVC。此泡沫属于热固性泡沫，由德国人林德曼在 20 世纪 30 年代后期发明。而 PET 泡沫 (Airex) 是最近几年才开始研制生产的泡沫，属于热塑性泡沫，生产工艺为挤出发泡，但与 PS 泡沫不同的是其挤出的宽度有限，所以挤出后要通过热熔粘接将其拼接成较大的泡沫体以方便使用。

(5) 碳纤维复合叶片　随着风力发电产业的发展，对叶片的要求越来越高。对叶片来讲，刚度也是一个十分重要的指标。研究表明，碳纤维 (carbon fiber，CF) 复合材料叶片的刚度是玻璃钢复合叶片的 2～3 倍。

目前最普遍采用的有玻璃钢叶片和碳纤维复合叶片。从性能来讲，碳纤维复合叶片最好，玻璃钢叶片次之。

随叶片长度的增加，要求提高使用材料的性能，以减轻叶片的质量。采用玻璃钢作为叶片用复合材料，当叶片长度为 19m 时，其质量为 1800kg；长度增加到 34m 时，叶片质量为 5800kg；同样是 34m 长的叶片，采用碳纤维复合材料时质量为 3800kg。虽然碳纤维复合材料的性能大大优于玻璃纤维复合材料，但由于其价格昂贵，影响了它在风力发电领域的大范围应用。因此，全球各大复合材料公司正在从原材料、工艺技术、质量控制等各方面深入研究，以求降低成本。

4. 叶片结构

(1) 叶片结构　风电机组风轮叶片要承受较大的载荷，通常要考虑 50～70m/s 的极端风载。为提高叶片的强度和刚度，防止局部失稳，叶片大都采用主梁加气动外壳的结构形式。主梁承担大部分弯曲载荷，而外壳除满足气动性能外，也承担部分载荷。主梁常用 O 形、C 形、D 形和矩形等形式，如图 4-8 所示。

O 形、D 形和矩形梁在缠绕机上缠绕成形，在模具中成形上、下两个半壳，再用结构胶将梁和两个半壳黏结起来。而另一种方法是现在模具中成 C 形梁，然后在模具中成上、下两个半壳，利用结构胶将 C 形梁和两个半壳粘接起来。其制造过程如图 4-9 所示。

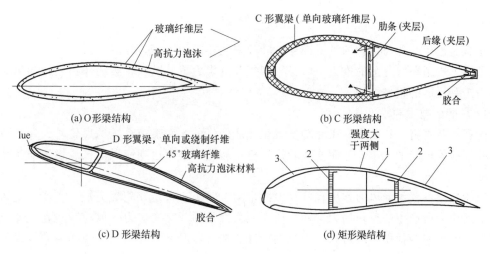

图 4-8 叶片的结构形式

1—桁架（纤维强度居中） 2—肋条（纤维强度最大） 3—抗扭层（纤维强度较弱）

图 4-9 叶片的制造过程

（2）叶根结构 叶片所受的各项载荷，无论是拉力还是弯矩、转矩、剪力都在根端达到最大值，如何把整个叶片上所承受的载荷传递到轮毂上去，关键在于叶片的根端连接结构设计。叶片根端必须具有足够的剪切强度、挤压强度，与金属的胶接强度也要足够高，这些强度均低于其拉弯强度，因此叶片的根端是危险的部位，设计时应予以重视。如果不注意根端连接设计，严重时将导致整个叶片飞出，使整台风电机组毁坏。

a. 螺纹件预埋式：以丹麦 LM 公司叶片为代表。在叶片成形过程中，直接将经过特殊表面处理的螺纹件预埋在壳体中，避免了对复合结构层造成的加工损伤。经试验机构试验证明，这种结构形式连接最为可靠，唯一的缺点是每个螺纹件的定位必须准确，如图 4-10（a）所示。

b. 钻孔组装式：以荷兰 CTC 公司叶片为代表。叶片成形后，用专用钻床和工具装备在叶根部位钻孔，将螺纹件装入。这种方式会在叶片根部的复合结构层上加

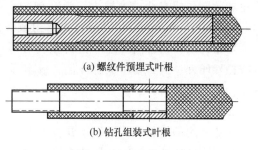

（a）螺纹件预埋式叶根

（b）钻孔组装式叶根

图 4-10 叶根结构

工出几十个孔，破坏了复合材料的结构整体性，大大降低了叶片根部的结构强度，而且螺纹件的垂直度不易保证，容易给现场组装带来困难，如图 4-10（b）所示。

二、轮毂

轮毂是连接叶片与主轴的重要部件，叶片安装在它的上面，构成收集风能的风轮，它承受了风力作用在叶片上的推力、转矩、弯矩及陀螺力矩。风轮轮毂的作用是传递风轮的力和力矩到后面的机械结构。

1. 轮毂的技术要求

轮毂担负着将叶片收集的风能转换成机械能的任务，变桨距系统的风轮轮毂还担负着改变叶片吸收风能的大小，从而使风轮保持稳定转速，进而达到使风电机组输出功率稳定的目的。

风轮轮毂不仅承受风力作用在叶片上的推力、转矩、弯矩及陀螺力矩，还要承受风轮轴对上述应力所产生的反作用力，而且所有应力都是循环交变应力。风轮轮毂在交变应力作用下易产生疲劳损伤，故对风轮轮毂的设计制造有着严格的要求。轮毂的主要技术要求有以下几点。

（1）在环境温度−40～50℃下正常工作。

（2）风轮轮毂的使用寿命不得低于 20 年。

（3）风轮轮毂要有足够的强度和刚度。

（4）风轮轮毂的加工必须满足相关图样要求。

（5）风轮轮毂应具有良好的密封性，不应有渗油、漏油现象，并能避免水分、尘埃及其他杂质进入轮毂内部。风轮轮毂的清洁度应符合《齿轮传动装置清洁度》的规定。

（6）机械加工以外的全部外露表面应涂防护漆，涂层应薄厚均匀，表面平整、光滑，颜色均匀一致。对油漆的防腐要求和颜色由供需双方在技术协议中规定。

（7）风轮轮毂应允许承受发电机短时间 1.5 倍额定功率的负荷。

（8）有变桨距系统的风轮轮毂还应满足以下要求：

a. 变桨距系统应能承受叶片的动、静载荷；

b. 变桨距系统的运动部件应运转灵活，满足使用寿命、安全性和可靠性要求；

c. 变桨距系统的控制系统应能按设计要求可靠地工作。

2. 轮毂的结构

主流的水平轴风电机组都采用三叶片结构。三叶片风轮大部分采用固定式轮毂，固定式轮毂的制造成本低、维护少，没有磨损。常见固定式轮毂的结构有星形结构和球形结构，如图 4-11 所示，它可以是铸造结构或焊接结构，其材料可以是铸钢，也可以采用高强度球墨铸铁。由于高强度球墨铸铁具有不可替代的优越性，如铸造性能好、容易铸成，且减振性能好、应力集中敏感性低、成本低等，因此在风电机组中大量采用高强度球墨铸铁作为轮毂的材料。

3. 轮毂形式

一般常用的轮毂形式有以下几种。

（1）刚性轮毂　三叶片风轮系统大部分采用刚性轮毂，其制造成本低、维护简单，没有磨损，也是目前使用最广泛的一种形式。它主要承受来自风轮的所有力和力矩，相对来讲，承受风轮载荷高，后面的机械承载大。

（2）铰链式轮毂　铰链式轮毂常用于单叶片和两叶片风轮，铰链轴和叶片轴及风轮旋

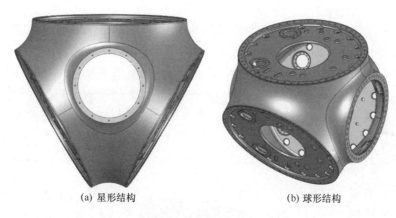

(a) 星形结构　　　　　　　　(b) 球形结构

图 4-11　固定式轮毂

转轴互相垂直，叶片在挥舞方向、摆振方向和扭转方向上都可以自由活动，也可以称为柔性轮毂。由于铰链式轮毂具有活动部件，相对于刚性轮毂来说，制造成本高，可靠性相对较低，维护费用高；它与刚性轮毂相比所受力和力矩较小。对于二叶片风轮系统，两个叶片之间是刚性连接的，要绕联轴器活动。当来流有上下变化或处于阵风中时，叶片上的载荷可以使叶片离开原风轮旋转平面。

4. 影响轮毂结构的因素

主要有以下三个因素：一是叶片的数量；二是风力机的调速方式，是采用固定桨距的失速调速方式，还是采用变桨距调速方式；三是叶片展长轴线与风轮轴垂直平面的夹角。

（1）叶片的数量　决定了轮毂上叶片安装接口法兰的数量。对有不同叶片数量的风力机进行比较时需要考虑下面几个因素：性能、载荷、风轮成本、噪声和视觉效果。叶片多的风力机启动转速低、启动力矩大，但成本高，适用于提水机、磨面机等直接用风力驱动的机械。经过人们多年的研究和试验，两个或三个叶片是风电机组风轮的最佳选择，两个或三个叶片的风电机组性能好、载荷小、风轮成本低、噪声较小且视觉效果好。

（2）风力机的调速方式　采用固定桨距失速调速方式的轮毂，轮毂与叶片是按设计的安装角用螺栓进行刚性连接的，结构比较简单，就是一个有几个安装法兰面的壳体。

采用变桨距失速调速方式的轮毂其内部安装有变桨距系统，叶片与变桨距系统上的变桨距轴承内圈法兰用螺栓进行刚性连接，变桨距轴承外圈法兰与轮毂用螺栓也进行刚性连接，而叶片相对于轮毂是可以转动的。

（3）叶片展长轴线和风轮轴垂直平面的夹角　一些风力机叶片展长轴线与风轮轴法兰平面的夹角为 0°，即叶片扫掠面为一平面，这种风轮轮毂的叶片安装平面与风轮轴法兰平面是垂直的。还有一些风力机叶片展长轴线与风轮轴法兰平面的夹角为 5～6°，称为锥形安装叶片。这样设计的目的是为了减少风轮相对塔架的外伸，减少塔架的弯曲载荷，同时又不出现叶片碰撞塔架的问题。但是这种风轮的叶片扫掠面为一锥面，其迎风面减小，使风能利用系数稍低。

三、变桨距系统

变桨距就是使叶片绕其安装轴旋转，改变叶片的桨距角，从而改变风力机的气动特性。

在风电机组设计的初期，设计人员就考虑到了变桨距控制，但是由于对空气动力学特性和风电机组运行工况认识不足，控制技术还不成熟，风电机组的变桨距机构可靠性不能满足运行要求，经常出现飞车现象。直到 20 世纪 90 年代变桨距风电机组才得到广泛的应用。

变桨距系统由变桨距执行机构（驱动装置和执行装置）和变桨距控制系统两部分组成。变桨距执行机构是由机械、电气、液压组成的装置，变桨距控制系统是一套计算机控制系统。变桨距系统的硬件安装在轮毂内部，图 4-12 所示为变桨距系统的基本构成。

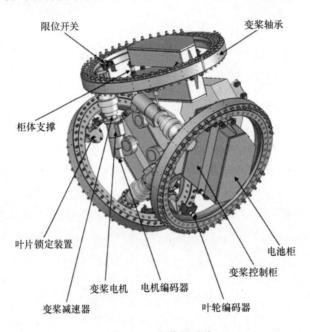

图 4-12　变桨距系统

1. 变桨轴承

变桨轴承是变桨装置的关键部件，除保证叶片相对轮毂的可靠运行外，同时也提供了叶片与轮毂的连接，并将叶片的载荷传递给轮毂。变桨轴承属于专用轴承，有多种形式。

当风向发生变化时，通过变桨驱动电机带动变桨轴承转动从而改变叶片对风向的迎角，使叶片保持最佳的迎风状态，由此控制叶片的升力，以达到控制作用在叶片上的扭矩和功率的目的。

变桨轴承安装在轮毂上，通过外圈螺栓把紧。其内齿圈与变桨驱动装置啮合运动，并与叶片连接，其轴承安装剖面图及安装孔如图 4-13 所示。

从剖面图可以看出，变桨轴承采用深沟球轴承。深沟球轴承主要承受纯径向载荷，也可承受轴向载荷。承受纯径向载荷时，接触角为零。

位置 1：变桨轴承外圈螺栓孔，与轮毂连接；

位置 2：变桨轴承内圈螺栓孔，与叶片连接；

位置 3：S 标记，轴承淬硬轨迹的始末点，此区轴承承受力较弱，要避免进入工作区；

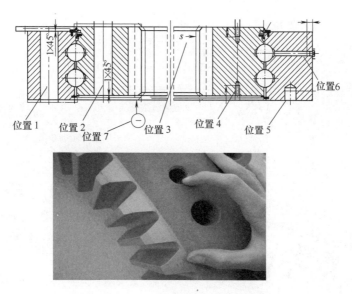

图 4-13　变桨轴承的安装

位置 4：工艺孔；

位置 5：定位销孔，用来定位变桨轴承和轮毂；

位置 6：进油孔，在此孔打入润滑油，起到润滑轴承作用；

位置 7：最小滚动圆直径的标记（啮合圆）。

2. 变桨驱动装置

变桨驱动装置由变桨电机和变桨齿轮箱两部分组成，如图 4-14 所示。变桨驱动装置可采用电动驱动或液压驱动。早期的变桨距机组以液压驱动方式为主，但是液压系统存在漏油问题，随着伺服电动机技术的发展，近年来电动变桨驱动已被多数机组采用。

变桨齿轮箱必须为小型并且具有高过载能力。齿轮箱不能自锁定以便小齿轮驱动。为了调整变桨，叶片可以旋转到参考位置，顺桨位置，在该位置叶片以大约双倍的额定扭矩瞬间压下止挡。这在一天运行之中可以发生多次。通过短时间使变频器和电机过载来达到要求的扭矩。齿轮箱和电机是直联型。变桨电机是含有位置反

图 4-14　变桨驱动装置

馈和电热调节器的伺服电动机。电动机由变频器连接到直流母线供给电流。

变桨驱动装置通过螺柱与轮毂配合连接。变桨齿轮箱前的小齿轮与变桨轴承内圈啮合，并要保证啮合间隙应在 0.2～0.3mm 之间，间隙由加工精度保证，无法调整。

3. 雷电保护装置

雷电保护装置主要由三部分组成，如图 4-15 所示。从上到下依次是垫片压板，碳纤维刷和集电爪，其安装顺序如图 4-16 所示。在大齿圈下方偏左一个螺栓孔的位置装第一个保护爪，然后 120 等分安装另外两个雷电保护爪。

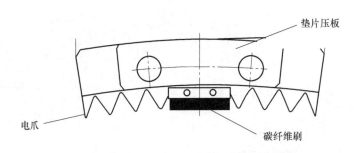

图 4-15 变桨雷电保护装置

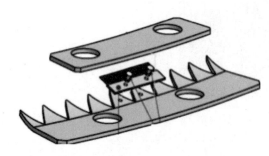

图 4-16 雷电保护装置安装顺序

雷电保护装置可以有效地将作用在轮毂和叶片上的电流通过集电爪导到地面，避免雷击使风力机线路损坏。碳纤维刷是为了补偿静电的不平衡，雷击通过风力机的金属部分传导。在旋转和非旋转部分的过渡处采用火花放电器。这个系统有额外的电刷来保护轴承和提供静电平衡。

4. 顺桨接近撞块和变桨限位撞块

变桨限位撞块安装在变桨轴承内圈内侧，与缓冲块配合使用；顺桨接近撞块安装在变桨限位撞块上，与顺桨感光装置配合使用，如图 4-17 所示。

位置 1：变桨限位撞块与变桨轴承连接时的定位导向螺钉孔；

位置 2：顺桨接近撞块安装螺栓孔，与变桨限位撞块连接；

位置 3：变桨限位撞块安装螺栓孔，与变桨轴承连接。

当叶片变桨趋于最大角度的时候，变桨限位撞块会运行到缓冲块上起到变桨缓冲作用，以保护变桨系统，保证系统正常运行。当叶片变桨趋于顺桨位置时，顺桨接近撞块就会运行到顺桨感光装置上方，感光装置接受信号后会传递给变桨系统，提示叶片已经处于顺桨位置。

5. 极限工作位置撞块和限位开关

极限工作位置撞块安装在内圈内侧两个对应的螺栓孔上，如图 4-18 所示。

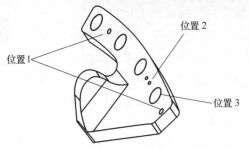

图 4-17 顺桨接近撞块和变桨限位撞块

当变桨轴承趋于极限工作位置时，极限工作位置撞块就会运行到限位开关上方，与限位开关撞杆作用，限位开关撞杆安装在限位开关上，当其受到撞击后，限位开关会把信号通过电缆传递给变频柜，提示变桨轴承已经处于极限工作位置。

6. 变频柜和电池柜

变频柜和电池柜安装在柜子支架上，柜子支架安装在轮毂上。

电池柜系统的目的是保证变桨系统在外部电源中断时可以安全操作。电池柜通过二极管连接到变频器共用的直流母线供电装置，在外部电源中断时，由电池供应

图 4-18　极限工作位置撞块和限位开关

电力以保证变桨系统的安全工作。每一个变频器都有一个制动断路器，在制动状态时避免过高电压。变频器应留有与 PLC 的通讯接口。

7. 变桨控制系统

变桨控制系统包括三个主要部件，驱动装置（电机）、齿轮箱和变桨轴承。从额定功率起，通过控制系统将叶片以精细的变桨角度向顺桨方向转动，实现风力机的功率控制。如果一个驱动器发生故障，另两个驱动器可以安全地使风力机停机。

变桨控制系统是一个微型计算机系统，它将桨距角检测和功率检测得到的数据，与微处理器中给定的桨距角变化数学模型进行比较，把差值作为控制信号用于驱动变桨距机构进行变桨操作。它也是一个闭环的跟踪系统，控制理论上又称为伺服系统。一般习惯上桨距角检测和功率检测也归入变桨距控制器，因为它们都是电子控制设备。

变桨控制系统有四个主要任务。

a. 通过调整叶片角把风力机的电力速度控制在规定风速之上的一个恒定速度。

b. 当安全链被打开时，使用转子作为空气动力制动装置把叶片转回到羽状位置（安全运行）。

c. 调整叶片角以规定的最低风速从风中获得适当的电力。

d. 通过衰减风转交互作用引起的振动使风力机上的机械载荷极小化。

第三节　风电机组传动系统

一、传动系统

除直驱型风电机组外，风电机组传动系统是指从轮毂到发电机之间的主传动链，包括

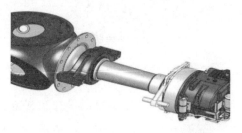

图 4-19　风电机组传动系统结构

主轴、主轴承及其轴承座、齿轮箱和联轴器等。传动系统用来连接风轮与发电机，将风轮产生的机械转矩传递给发电机，同时实现转速的变换。图 4-19 为一种目前风电机组较多采用的带齿轮箱风电机组的传动系统。

对于大中型风力机来说，由于风轮的转速低而发电机转速高，为匹配发电机转速，要在低速的风轮轴与高速的发电机轴之间接一个增

速齿轮箱。但不是每一种风力机都必须具备所有这些环节，有些风力机的轮毂直接连接到齿轮箱上，就不需要低速传动轴。也有一些风力机（特别是微小型风力机）设计成无齿轮箱的，风轮直接与发电机连接，发电机转速与风轮转速相同。整个传动系统和发电机安装在主机架上。作用在风轮上的各种气动载荷和重力载荷通过主机架及偏航系统传递给塔架。

（1）传动系统总体布置方式　风电机组传动系统总体布局的可行方案如图 4-20 所示。

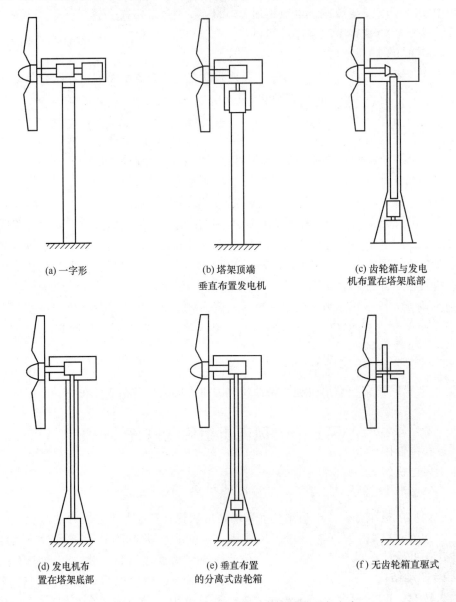

(a) 一字形　　　　　(b) 塔架顶端　　　　　(c) 齿轮箱与发电
　　　　　　　　　垂直布置发电机　　　　　机布置在塔架底部

(d) 发电机布　　　　　(e) 垂直布置　　　　　(f) 无齿轮箱直驱式
置在塔架底部　　　　的分离式齿轮箱

图 4-20　风电机组传动系统总体布局的可行方案

基于风力发电装置设计方法研究的现状，同时考虑风轮与发电机系统的设计和制造能力，目前风电机组传动系统的布置方式主要有以下几种。

① 一字形：一字形布置采用得最多，如图 4-21 所示。这种布置方式对中性好，负载分布

均匀，但主轴较短，主轴承载较大。一字形布置是风电机组传动系统采用最多的形式。

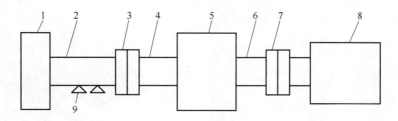

图 4-21 传动系统一字形布置

1—轮毂 2—主轴 3、7—联轴器 4—齿轮箱低速轴 5—齿轮箱 6—齿轮箱高速轴 8—发电机 9—主轴承

② 回流式：回流式布置如图 4-22 所示，这种布置方式可以缩短机舱长度，增加主轴长度，减少负载分布的不均匀性。

③ 分流式：分流式布置如图 4-23 所示，这种布置方式使用两台发电机，用得较少。

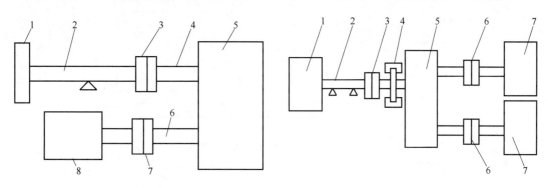

图 4-22 传动系统回流式布置
1—轮毂 2—主轴 3、7—联轴器 4—齿轮箱低速轴
5—齿轮箱 6—齿轮箱高速轴 8—发电机

图 4-23 传动系统分流式布置
1—轮毂 2—低速轴 3、6—联轴器
4—制动器 5—齿轮箱 7—发电机

④ 直驱型无齿轮箱结构：需要说明的是，直驱型风电机组不使用齿轮箱，采用风轮与发电机转子共用一个轴的方式。这种方式使用的零部件最少，所以故障率也低于有齿轮箱的结构。在维修困难的地方，使用直驱型风电机组是最佳的选择，比如在山顶或者在海上。直驱型风电机组是大型风电机组的发展方向。图 4-24 所示为直驱型无齿轮箱结构，它是用一个铸造的 L 形心轴，短边的端面与偏航系统的转盘轴承固定连接，长边为心轴。心轴上安装有前后两组轴承，风轮发电机轴为一空心轴，其上套装发电机转子和风轮后，通过空心轴内两端的轴承组安装在心轴上。这种结构的风轮不是悬臂状态，动态稳定性好、寿命长，可靠性高。

⑤ 混合驱动结构：这种结构形式是通过低速比传动的齿轮箱增速，进而部分提高发电机的输入转速。这种结构结合了直驱型和传统形式的优点。如图 4-25 所示为一种混合驱动结构。

（2）部件集成化布置方式　部件集成化布置方式就是将部分部件一体化，使结构紧凑。

① 发电机与齿轮箱一体化：发电机与齿轮箱一体化的布置方式如图 4-26 所示。

图 4-24　直驱型无齿轮箱结构

图 4-25　混合驱动结构

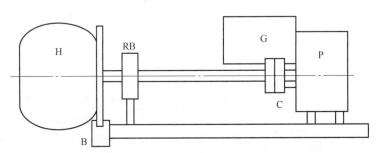

图 4-26　发电机与齿轮箱一体化的布置

H—轮毂　B—制动器　RB—风轮轴承　G—发电机　C—联轴器　P—行星齿轮

　　② 主轴与齿轮箱集成：图 4-27 所示为主轴与齿轮箱集成的布置方式，将主轴与齿轮箱集成为一体并移到机舱前部，使风轮悬臂距离最小，并将齿轮箱外壳的载荷传递到机舱底板上。

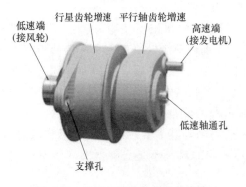

图 4-27　主轴与齿轮箱集成的布置

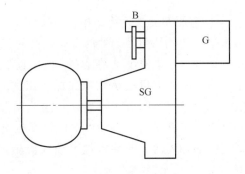

图 4-28　齿轮箱整体集成的布置

B—制动器　SG—平行轴齿轮　G—发电机

　　③ 齿轮箱整体集成：齿轮箱整体集成如图 4-28 所示。它是将齿轮箱变成基本组成部分，其他部件用法兰连接到齿轮箱上。这种布置不需要机架，结构紧凑，但不易安装，成本较高。

　　(3) 传动系统分类　按照传动系统传动方式的不同，可以将其分为机械传动、气体传动、电气传动和液压传动等。目前，在大型风电机组系统中普遍采用液压传动的传动方式。液压传动具有结构简单、质量轻、耗材少、装配适应性强以及易实现自动控制等优点。

（4）传动系统的要求　大型风电机组的特殊工作环境和使用工况对传动系统及其装置提出了严格的要求。传动系统装置的设计必须考虑机组外部动载荷以及随时可能发生变化的风轮、电网异常载荷的作用，还有机舱振动等不确定因素。

二、主轴

在风电机组中，主轴是风轮的转轴，安装在风轮和齿轮箱之间，如图 4-29 所示。主轴支撑风轮并将风轮的转矩传递给齿轮箱，将推力、弯矩传递给底座。主轴的主要受力形式有轴向力、径向力、弯矩、转矩和剪切力，机组每经历一次启动和停机，主轴所承受的各种力，都要经历一次循环，因此会产生循环疲劳，要求主轴具有较高的综合机械性能。

（1）主轴要求　主轴作为风力发电设备的重要部件之一，其技术系数、机械性能要求高，强度、塑性指标高，型位公差和尺寸公差要求严格，必须保证在较严酷的环境下稳定运转 30 年，而且机件无腐蚀。

① 结构：主轴的结构如图 4-30 所示。主轴又称为低速轴，从叶轮传递扭矩到传动系的其他零部件上，同时还支撑着叶轮。主轴被轴承支撑，支撑轴承将载荷传递到机舱底板。

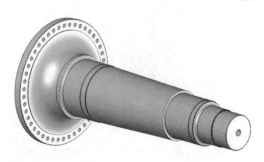

图 4-29　风力机主轴

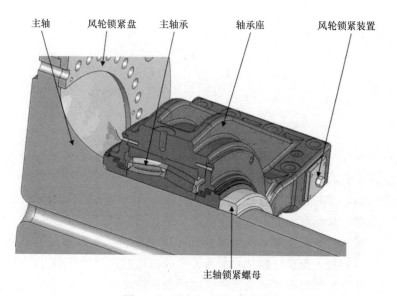

图 4-30　风力机主轴的结构

② 材质：主轴的材质一般选用碳素合金钢，其内部是中空的，内孔加工比较困难，目前主要采用深孔钻镗床来加工主轴。根据主轴的特性，深孔钻镗床要加高床头。

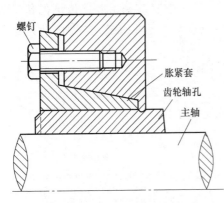

图 4-31 主轴与齿轮箱的胀紧套连接

③ 主轴与齿轮箱的连接：主轴与齿轮箱输入轴的连接方式主要有法兰、花键和胀紧套等。随着风电机组向大功率风向的发展，胀紧套连接最为常见，如图 4-31 所示。胀紧套连接传递转矩大、结构紧凑，而且具有超载保护作用。

（2）主轴布置形式　目前比较流行额定功率为 1.5～3.0MW 的机组，其传动系统主要有三种布置形式，即所谓的"一点式""两点式"和"三点式"。

① "两点式"布置：也称为挑臂梁结构，是指带有主轴的机组，其主轴用两个轴承支撑，并独立承受风轮自重产生的弯曲力矩和风轮的轴向推力，如图 4-32 所示。

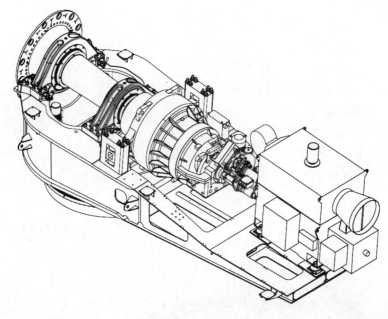

图 4-32 "两点式"布置

通常将靠近风轮一侧的轴承设计为固定端，靠齿轮箱一端为浮动端。如需要将主轴的固定端设置在靠齿轮箱一侧时，则不能把固定端的轴承支撑在齿轮箱上。主轴尾部与齿轮箱输入轴（低速轴，常是行星架）通过收缩套刚性连接。齿轮箱前箱体的扭力臂则通过弹性套作为辅助支撑。齿轮箱的输出轴（高速轴）通过高弹性联轴器与发电机轴连接。

这种布置方式的优点是：来自风轮的载荷主要由主轴承受并通过轴承座传递到机架，齿轮箱则主要传递转矩，受风轮异常载荷的影响较小；齿轮箱体积相对较小，齿轮油用量相对较少；主轴和齿轮箱相对独立，便于采用标准齿轮箱和主轴支撑构件；齿轮箱结构制动过程平稳。

这种布置方式的缺点是：主轴结构相对较长，制造成本高；轴向尺寸较长，机舱结构相对拥挤，轴承需单独润滑。

②"三点式"布置：取消上述"两点式"布置中靠齿轮箱一侧的主轴轴承，风轮一侧的固定端轴承实现一点支撑，而齿轮箱的两个扭力臂则作为另两个支撑，形成"三点式"布置，也称为悬臂梁结构，如图 4-33 所示。这种结构决定了主轴与齿轮箱共同承受风轮自重产生的弯曲力矩和风轮的轴向推力。这种布置方式在现代大型风电机组中较多采用。

对整个轴系而言，既减少一个主轴轴承，对传动没有太大的影响，又能够简化轴系结构，缩短轴向尺寸。这种布置形式的主轴近风轮侧应具有足够的空间安装大型球面调心双排滚子轴承或滚锥轴承，用以承受来自风轮的轴向和径向载荷。但主轴的轴向载荷不能直接作用于齿轮箱上，应让齿轮箱在轴向有一定的浮动量。

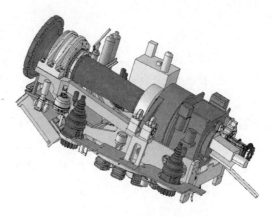

图 4-33　"三点式"布置

这种布置方式的优点是：主轴承载要求相对减小，缩短了轴向尺寸，降低了制造成本；风轮一侧的固定端轴承支撑为刚性支撑，齿轮箱支撑为弹性支撑，能够吸收来自叶片的突变负载。

这种布置方式的缺点是：主轴后轴承的取消，降低了刚度，轮毂传来的异常载荷会对齿轮箱产生不利影响，要求齿轮箱箱体厚重。

③"一点式"布置：风电机的主轴轴承是直接整合在齿轮箱内的。变成"一点式"支撑，是一种最为紧凑的布置方式，减小了风轮的悬臂尺寸，如图 4-34 所示。

图 4-34　"一点式"布置

齿轮箱可以单独设置，用法兰和减震垫与支架相连。也可以使其箱体与支架合二为一，动力经由轮毂法兰直接传入齿轮箱，轮毂上的载荷由大轴承承受，特殊的高弹性联轴器仅将风轮转矩传到齿轮箱输入轴，或者通过内齿圈将动力分流到下一级齿轮上。

这种布置方式的优点是：省去主轴及其组件，结构材料减少，质量减轻，故障率下降，安装工作量减少；机舱结构相对宽敞；齿轮油可以对低速轴轴承直接润滑。

这种布置方式的缺点是：使用单个轴承承受风轮径向和轴向力以及转矩的作用，此轴承的结构要满足轴系几个方向承载的需要，要求具有足够大的刚性和抵抗异常载荷的能力，齿轮箱更加厚重；轴承的设计和制造也必须要有重大的突破；难于直接选用标准齿轮箱，维修齿轮箱必须同时拆除主轴。"一点式"支撑方式在直接驱动或混合驱动的机组中应用较多。

三、轴承

在风电机组中，包括增速机构在内所有回转体的转动部分与固定部分之间的连接都是通过轴承来实现的，本节就主要的主轴轴承、偏航轴承、变桨轴承来进行分析。

1. 主轴轴承

（1）作用与要求 主轴轴承位于风力机主轴上，工作负荷高，要能够补偿主轴的变形，因此要求主轴轴承必须拥有良好的调心性能，较高的负荷容量，以及较长的使用寿命。

（2）常用结构 主轴轴承一般采用通过优化设计的调心滚子轴承结构，采用轴承钢材料制造，能够低速恒定运转，具有良好的机械性能和极高的可靠性。

调心滚子轴承，它由一个带球面的滚道外圈，一个双滚道内圈，一个或两个保持架及一组球面滚子组成。轴承外圈滚道面的曲率中心与轴承中心一致，所以具有良好的调心功能。当轴受力弯曲或安装不同心时轴承仍可正常使用，调心能力随轴承尺寸系列不同而异，一般所允许的调心角度为 1～2.5°。该类型可以承受径向负荷及两个方向的轴向负荷，承受径向荷载能力大，但不能承受纯轴向载荷，适用于有重载或振动载荷下工作。一般来说调心滚子轴承所允许的工作转速较低。

调心滚子轴承按滚子截面形状分为对称型球面滚子和非对称型球面滚子两种不同结构。非对称型球面滚子轴承属早期产品，对称型球面滚子轴承的内部结构经过全面改进设计及参数优化，与早期生产的调心滚子轴承相比能够承受更大的轴向负荷，这种轴承的运行温度较低，可适应较高转速的要求。根据内圈有无挡边及所用保持架的不同，可分为 C 型与 CA 型两种基本形式。C 型轴承的特点是内圈无挡边，并采用钢板冲压保持架；CA 型轴承的特点是内圈两侧均有挡边，且采用铜合金车制实体保持架。根据内圈内孔形式不同，可分为圆柱形内孔和圆锥形内孔两种。内圈内径是锥孔的轴承，可直接安装，或使用紧定套、拆卸筒安装在圆柱轴上。

（3）轴承座 轴承座如图 4-35 所示，轴承座与机舱底盘固接。图 4-36 所示为主轴、主轴承和轴承座的装配图。

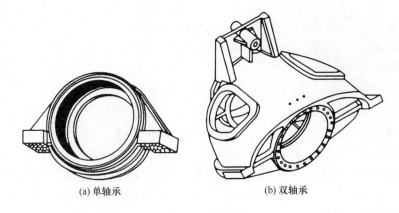

(a) 单轴承　　　　　　　　　　(b) 双轴承

图 4-35　轴承座

2. 偏航轴承和变桨轴承

（1）作用和要求 偏航系统轴承位于机舱的底部，承载着风力机主传动系统的全部质量，用于准确适时地调整风力机的迎风角度。偏航轴承常年在风沙、雨水、盐雾、潮湿的

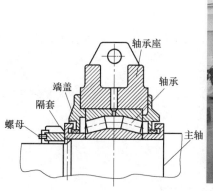

图 4-36 主轴、主轴承和轴承座的装配

高空环境中工作，安装、润滑和维修很不方便，因此不仅要求偏航轴承具有足够的强度和承载能力，还要求其运行平稳、安全可靠、寿命长（一般要求 20 年），润滑、防腐及密封性能好。

变桨轴承位于每个叶片的根部与轮毂连接部位，用于调整叶片的迎风方向，轴承的运动形式为摆动，主要承受径向负荷、轴向负荷和倾覆力矩。变桨轴承受力的大小和方向随桨叶位置、迎风角度和风力等级等因素变化，其性能比偏航轴承的要求更加严格。

（2）常用结构 偏航轴承、变桨轴承大多采用单排或双排四点接触球轴承。四点接触球轴承是一种分离型轴承，也可以说是一套可承受双向轴向载荷的角接触球轴承，其内外圈滚道是桃形的截面，如图 4-37 所示，当无载荷或是纯径向载荷作用时，钢球和套圈呈现为四点接触，这也是其名称的由来。当只有纯轴向载荷作用时，钢球和套圈就成了两点接触，可承受双向的轴向载荷。四点接触球轴承还可以承受力矩载荷。四点接触球轴承只有形成两点接触时才能保证正常的工作，所以一般适用于那些纯轴向载荷或轴向载荷大的合成载荷下呈两点接触的场合。四点接触球轴承极限转速高，也适合于那些高速运转的场合。

① 单排四点接触球轴承：单排四点接触球轴承如图 4-37（a）所示。可分为无齿式、内齿式和外齿式三种，如图 4-38、图 4-39、图 4-40 所示。单排四点接触球轴承由两个座圈组成，有一排钢球作为滚动体，钢球之间有单个隔离块。内、外圈为整体式，通过装填孔来装入钢球。这种轴承结构紧凑、质量轻，钢球与滚道四点接触，能同时承受轴向力、径向力和倾翻力矩，具有较高的动负荷能力。

(a) 单排　　(b) 双排

图 4-37 四点接触球轴承

② 双排四点接触球轴承：双排四点接触球轴承分为无齿式、内齿式和外齿式三种。用以承受较大的径向载荷、轴向载荷与径、

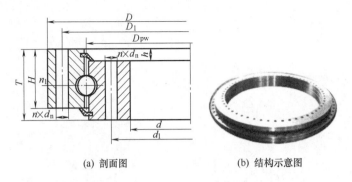

(a) 剖面图　　　　　　　　　(b) 结构示意图

图 4-38　无齿式单排四点接触球轴承

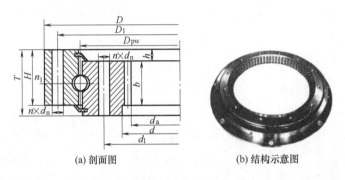

(a) 剖面图　　　　　　　　　(b) 结构示意图

图 4-39　内齿式单排四点接触球轴承

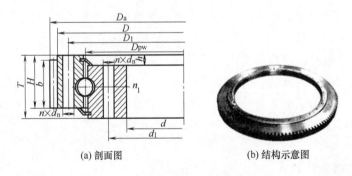

(a) 剖面图　　　　　　　　　(b) 结构示意图

图 4-40　外齿式单排四点接触球轴承

轴向联合载荷，主要用于限制轴或外壳两面轴向位移的部件中，极限转速较高。

四、齿轮箱

　　风电机组中，除了直驱式以外，其他形式的机组都有齿轮箱，而且齿轮箱是传动系统中的主要部件。齿轮箱按照用途不同可分为减速齿轮箱和增速齿轮箱。在风电机组传动系统中，齿轮箱的作用是将风轮动力传递给发电机并使其得到相应的转速。风轮的转速很低，远达不到发电机组的要求，必须通过齿轮箱齿轮副的增速作用来实现，故也将齿轮箱称之为增速箱。

　　1. 齿轮传动原理

　　（1）齿轮传动基本形式　　齿轮传动是通过主动齿轮与从动齿轮的啮合，实现运动和转矩的传递。

主动齿轮与从动齿轮的转速比称为齿轮的传动比 c，取决于从动齿轮与主动齿轮的齿数比，即

$$c = \frac{n_1}{n_2} = \frac{z_2}{z_1} \tag{4-10}$$

式中　下角标 1、2——分别为主动齿轮和从动齿轮；

　　　　n——转速；

　　　　z——齿数。

齿轮传动输出轴转矩 M_2 与输入轴转矩 M_1 之间的关系为

$$M_2 = \frac{n_1}{n_2} M_1 \tag{4-11}$$

可见，对于风电机组的增速齿轮箱，实现增速的同时，也降低了转矩。转矩降低越多，发电机转子直径越小。

（2）轮系传动　齿轮传动具有传动比恒定、结构紧凑、传递功率大、传动效率高、零部件使用寿命长等优点，其缺点是制造和安装的成本高、吸振性差等。由于结构和加工条件的限制，单级齿轮传动的传动比不能太大，每个齿轮的齿数也不能太少。因此，对于需要大传动比的地方，就要采用多级齿轮构成的轮系实现传动。轮系传动分为定轴轮系和周转轮系。

a. 定轴轮系：定轴轮系中，所有齿轮的轴线位置不变。定轴轮系又可以分为平面定轴轮系和空间定轴轮系，如图 4-41 所示。如果轮系中各齿轮轴线相互平行，则称为平面定轴轮系，或平行定轴轮系，这种轮系中齿轮全部为圆柱形；如果轮系中各齿轮轴线不完全平行，则称为空间定轴轮系，这样的轮系中有圆锥齿轮传动或蜗杆传动。

图 4-41　平面定轴轮系与空间定轴轮系

b. 周转轮系：周转轮系中，至少有一个齿轮的轴线可以绕其他齿轮轴线转动。其中只有一个齿轮轴可以绕其他齿轮轴线转动的轮系称为行星轮系，如图 4-42 所示。

其中轴线可动的齿轮称为行星轮，位于中间的齿轮称为太阳轮。行星轮与太阳轮及外部的内齿圈啮合，太阳轮和内齿圈的轴线不变，其中内齿圈固定不动，行星轮既绕自身轴线转动，同时其轴线还绕太阳轮转动。行星轮系具有结构紧凑、传动比高等优点；但是其结构

图 4-42　行星轮系

复杂，制造和维护困难。其传动过程如图4-43所示。

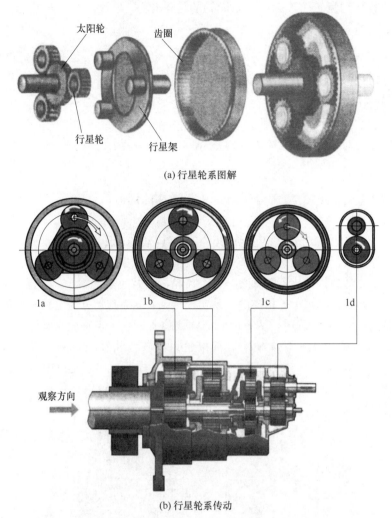

(a) 行星轮系图解

(b) 行星轮系传动

图 4-43　行星轮系传动

　　齿轮箱是风电机组传动系统中的主要部件，需要承受来自风轮的载荷，同时要承受齿轮传动过程产生的各种载荷。需要根据机组总体布局设计的要求，为风轮主轴、齿轮传动机构和传动系统中的其他构件提供可靠的支撑与连接，同时将载荷平稳地传递到主机架。

　　在实际应用中，往往同时应用定轴轮系和行星轮系，构成组合轮系。这样可以在获得较高传动比的同时，使齿轮箱结构比较紧凑。在风电机组增速齿轮箱中，多数采用行星轮系和定轴轮系结合的组合轮系结构。

　　（3）齿轮箱的工作过程　齿轮箱主轴的前端法兰与风轮相连，风作用到叶片上驱动风轮旋转，风轮带动齿轮箱主轴旋转，从而主轴带动后面的增速机构开始运转。这样齿轮箱就把风轮所吸收的低转速、大扭矩的机械能转化成高转速、小扭矩的机械能传递到齿轮箱的输出轴上。齿轮箱的输出轴通过弹性联轴器与电机轴相连，驱动发电机的转子旋转，将能量输入给发电机。发电机将输入的动能转化成电能并输送到电网上。

2. 齿轮箱的结构

不同的风电机组，其齿轮箱结构也不同。下面以 FL1500 风电机组齿轮箱为例，其结构如图 4-44 所示。

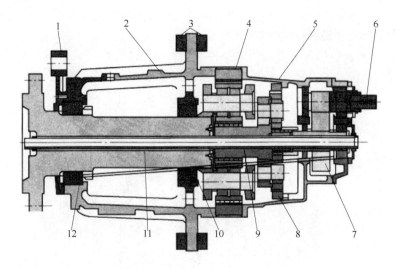

图 4-44 FL1500 风电机组齿轮箱结构

1—风轮锁 2、5—壳体；3—减噪装置；4—一级行星齿轮传动；6—输出轴；7—输出级
8—二级行星齿轮传动；9—空心轴；10—主轴后轴承；11—主轴；12—主轴前轴承

从图 4-44 可以看出，本齿轮箱由以下几大部分组成。

（1）主轴 也称传动轴。传动轴的作用就是将风轮的动能传递到齿轮机箱的齿轮副，因此要求轴的滑动表面和配合表面硬度高，而且心部韧性好。FL1500 风电机组齿轮箱最大的特点就是将主轴置于齿轮箱的内部。这样设计可以使风力机的结构更为紧凑、减少机舱的体积和质量，有利于对主轴的保护。

（2）轴承 齿轮箱的轴承中，大多应用滚动轴承，其特点是静摩擦力矩和动摩擦力矩都很小，即使载荷和速度在很宽范围内变化时也如此。齿轮箱上的滚动轴承一般有圆柱滚子轴承、圆锥滚子轴承和调心滚子轴承等，其中调心滚子轴承承载能力最大。

齿轮传动时轴和轴承的变形会引起齿轮和轴承内外圈轴线的偏斜，使齿轮上载荷分布不均匀，从而降低传动件的承载能力，由于载荷不均匀性而使齿轮经常发生断齿的现象。选用轴承时，不仅要根据载荷的性质，还应根据部件的结构要求来确定。

（3）箱体 箱体由三部分组成，即前机体、中机体和后机体。箱体是齿轮箱的重要部件，传动齿轮系设置于箱体之中。箱体承受来自风轮的作用力和齿轮传动时产生的反力。

箱体必须具有足够的刚性去承受力和力矩的作用，防止变形，保证传动质量。箱体的设计应按照风电机组动力传动的布局、加工和装配、检查以及维护等要求来进行。应注意轴承支承和机座支承的不同方向的反力及其相对值，选取合适的支承结构和壁厚，增设必要的加强筋，筋的位置须与引起箱体变形的作用力的方向相一致。为了减小齿轮箱传到机舱机座的振动，齿轮箱通常安装在弹性减震器上。箱体部分采用 QT400 铸造而成，这种材料具有减震性和易于加工等特点。

箱体上设有观察窗，方便装配和定期检查齿轮的啮合情况。箱盖上设有透气罩、油位指示器和油标，相应位置设置注油器和放油孔。另外在箱体的合适位置设置进出油口和相关液压件的安装位置。

（4）附件

① 转子锁（叶轮锁）：在齿轮箱的前端设有转子锁定装置，当对系统进行检修时可以通过此装置锁定风轮，确保风电机处于安全状态。

② 加热器：在齿轮箱的前部和后部分别设有三个加热器，如图 4-45 所示。当齿轮箱的工作环境温度较低时，为确保齿轮箱内部的润滑油保持在一定的黏度范围，可使用加热器对齿轮箱润滑油进行加热。加热器的开与关是通过系统自动控制的。

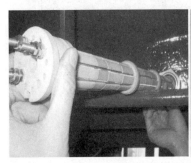

图 4-45　加热器

③ 温度控制器：齿轮箱上设有三个温度传感器，安装在齿轮箱后部右侧和上方。控制系统可以通过这三个传感器对油温、高速端轴承温度进行实时监控，确保风力机的安全。

④ 空气过滤器：齿轮箱上部设有一个空气过滤器，它可以保证齿轮箱内部的压力稳定，防止外部的杂质进入齿轮箱内部。

⑤ 雷电保护装置：齿轮箱前端设有三组雷电保护装置，其作用是将风轮上产生的电流传导到齿轮箱的机体上，通过连接在齿轮箱机体上的接地线将电流倒入大地，保护风力机。

⑥ 液位传感器：在齿轮箱的后端安有液位传感器。通过这个液位传感器，控制系统可以对齿轮箱内部润滑油的油位进行实时监控，当油位低于系统设定值时，系统会自动发出报警以便添加润滑油。在液位传感器的旁边还设有一个观察器，通过它可以观察润滑油的状态（如颜色、油位高度、油质情况等）。

（5）齿轮副　齿轮箱的增速机构——齿轮副，其作用是传递扭矩，另外轮系还可以改变转速和扭矩。该结构采用了两级行星和一级平行轴传动。这种机构可以提高速比、减小齿轮箱的体积。

齿轮必须保证有一定的精度，以保证传动质量。要求齿轮心部韧性大，齿面硬度高。为了减轻齿轮系啮合时的冲击，降低噪声，需要有合适的齿轮齿形、齿向。风电机组的齿轮箱中的齿轮优先选用斜齿轮、螺旋齿轮和人字齿轮。

齿轮在运行中应注意防止齿面损伤、胶合和轮齿折断。齿面疲劳是在过大的接触切应力和应力循环次数作用下，轮齿表面或其表层下面产生疲劳裂纹，并进一步扩展而造成的齿面损伤。胶合是相啮合的齿面在啮合处的边界润滑膜受到破坏，导致接触齿面金属熔焊而撕落齿面上的金属的现象。适当改善润滑条件和及时排除干涉起因，调整传动件的参数，清除局部集中载荷，可减轻或消除胶合现象。轮齿折断（断齿）常由细微裂纹逐步扩展而成。充分考虑传动的载荷，优选齿轮参数，正确选用材料和齿轮精度，充分保证齿轮加工精度，消除应力集中等可以有效防止断齿。

（6）密封装置 密封装置用于防止润滑油的外泄和杂质的进入。齿轮箱的密封有接触式和非接触式两种。接触式密封是指使用密封件的密封，比如旋转轴所用的唇形密封圈。密封件应密封可靠、耐久、摩擦阻力小、易制造和拆装，应该能够随压力的提高而提高密封能力和自动补偿磨损。非接触式密封不使用密封件，利用部件自身的结构特点起到密封的作用。所有的非接触式密封不会产生磨损，使用时间长。迷宫式密封就是一种非接触式密封。

（7）齿轮箱的润滑系统 齿轮箱的润滑十分重要，润滑系统的功能是在齿轮和轴承的相对运动部位上保持一层油膜，使零件表面产生的点蚀、磨蚀、粘连和胶合等破坏最小。良好的润滑能够对齿轮和轴承起到足够的保护作用。风电机组齿轮箱的润滑属于强制润滑，即带有齿轮泵强制循环。齿轮泵从油箱将油液经滤油器输送到齿轮箱的润滑系统，对齿轮箱的齿轮和传动件进行润滑，管路上装有监控装置，确保不会出现运行中的断油。

3. 齿轮箱的分类

（1）按内部传动结构分 可分为平行轴结构、行星结构和平行轴与行星混合结构三种。

① 平行轴结构齿轮箱：平行轴结构齿轮箱采用平行轴轮系传动。齿轮箱的输入轴和输出轴相互平行，但不共线。这种结构的齿轮箱噪声较大。

② 行星结构齿轮箱：行星结构齿轮箱采用行星轮系传动。齿轮箱的输入轴和输出轴在同一轴线上。

太阳轮和行星轮是外齿轮，而齿圈是内侧齿轮，它的齿开在里面。一般不是内齿圈就是太阳轮被固定，如果是内齿圈被固定，传动比较大。行星结构齿轮箱结构复杂，但是由于载荷被行星轮平均分担，从而减小了每个齿轮的载荷。传递相同功率，行星结构齿轮箱比平行轴结构齿轮箱体积小，传动效率高，并且噪声低。

③ 平行轴和行星混合结构齿轮箱：平行轴和行星混合结构齿轮箱是多级齿轮箱，它综合了平行轴结构和行星结构的传动优点。这种结构的齿轮箱体积减小、质量减轻、承载能力提高而且成本降低。

（2）按齿轮传动级数分 可将齿轮箱分为单级齿轮箱和多级齿轮箱。

（3）按传动的布置形式分 可将齿轮箱分为展开式齿轮箱、分流式齿轮箱、同轴式齿轮箱和混合式齿轮箱。

各种齿轮箱的传动方式、特点及应用如表 4-1 所示。

表 4-1　　　　　　　　　　各种齿轮箱的传动方式、特点及应用

传动形式		传动简图	特点及应用
两级圆柱齿轮传动	展开式		结构简单，成本低，便于维护。但齿轮相对于轴承的位置不对称，因此要求轴有较大的刚度。用于载荷比较平稳的场合

续表

传动形式		传动简图	特点及应用
两级圆柱齿轮传动	分流式		结构复杂,但由于齿轮相对于轴承对称布置,与展开式相比载荷沿齿宽分布均匀,轴承受载较均匀。中间轴危险截面上的转矩只相当于轴所传递转矩的一半,适用于变载荷的场合
	同轴式		齿轮箱横向尺寸较小,两对齿轮浸入油中深度大致相同,但轴向尺寸和质量较大,且中间轴较长,刚度较差,使沿齿宽载荷分布不均匀
	同轴分流式		每对啮合齿轮仅传递全部载荷的一半,输入轴和输出轴只承受转矩。中间轴只受全部载荷的一半,故与传递同样功率的其他齿轮箱相比,轴颈尺寸可以缩小
混合式传动	一级行星两级圆柱齿轮传动		低速轴为行星传动,使功率分流,同时合理应用了内啮合。体积小,传递功率大。末两级为平行轴圆柱齿轮传动。可合理分配增速比,提高传动效率
	二级行星一级圆柱齿轮传动		前两级为行星传动,末级为平行轴圆柱齿轮传动。增速比高

4. 风电机组齿轮箱

风电机组由于要求的增速比往往很大,风电齿轮箱通常需要多级齿轮传动。大型风电机组的增速齿轮箱的典型设计,多采用行星齿轮与定轴齿轮组成混合轮系的传动方案。

风电机组传动系统齿轮箱主要有:一级行星齿轮和两级平行轴齿轮传动组成的齿轮箱、两级行星和一级圆柱齿轮分流传动的齿轮箱、三级平行轴圆柱齿轮传动齿轮箱以及差动齿轮传动齿轮箱。可参照表4-1。

下面主要介绍一级行星齿轮和两级平行轴齿轮传动组成的齿轮箱。

(1) 结构 齿轮箱利用其前箱盖上的两个突缘孔内的弹性套支撑在支架上。齿轮箱低速级的行星架通过胀紧套与机组的主轴连接,行星轮组将动力传至太阳轮,再通过内齿联轴器传至位于后箱体内的第一级平行轴齿轮,再经过第二级平行轴齿轮传至高速级的输出轴,通过柔性联轴器与发电机相连。此外,为了保护齿轮箱免受极端负荷的破坏,中间传动轴上还装有安全保护装置。

(2) 传动路线 一级行星齿轮和两级平行轴齿轮传动组成的齿轮箱传动路线可以归纳为:叶片—传动轴—弹性套—行星架—太阳轮—第一级平行轴大齿轮—第一级平行轴小齿

轮—第二级平行轴大齿轮—第二级平行轴小齿轮—发电机，如图 4-46 所示。

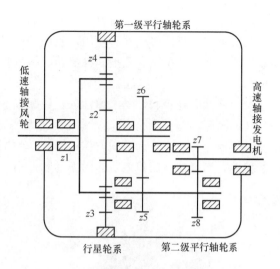

五、联轴器

为实现机组传动链部件间的转矩传递，传动链的轴系需要设置必要的连接构件，如联轴器等。联轴器用于传动轴的连接和动力传递。图 4-47 所示为某大型风电机组高速轴与发电机轴间的联轴器连接。

联轴器是用来连接不同机构中的两根轴（主动轴和从动轴），使之共同旋转以传递扭矩的机械零件。联轴器有刚性联轴器和柔性联轴器两种。

图 4-46　齿轮箱传动路线

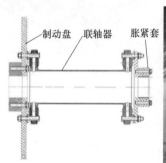

图 4-47　某大型风电机组高速轴与发电机轴间的联轴器结构

1. 联轴器的作用

刚性联轴器用在对中性好的两轴连接，在风电机组中通常在主轴与齿轴箱低速轴连接处选用；柔性联轴器允许两轴有一定相对位移，在发电机与齿轮箱高速轴连接处选用，以弥补机组运行过程轴系的安装误差，解决主传动链的轴系不对中问题。同时，柔性联轴器还可以提供一个弹性环节，这个弹性环节可以吸收轴系外部负载波动产生的振动。

需要注意齿轮箱与发电机之间的联轴器设计，需要同时考虑对机组的安全保护功能。由于机组运行过程可能产生异常情况下的传动链过载，如发电机短路导致的转矩甚至可以达到额定值的 6 倍，为了降低设计成本，不可能将该转矩值作为传动系统的设计参数。采用在高速轴上安装防止过载的柔性安全联轴器，不仅可以保护重要部件的安全，也可以降低齿轮箱的设计与制造成本。

联轴器设计还需要考虑完备的绝缘措施，联轴器必须有大于等于 100M 的阻抗，并且能承受 2kV 的电压，以防止发电系统寄生电流对齿轮箱产生不良影响。

2. 刚性联轴器

（1）胀套联轴器　图 4-48 所示是一种 Z10 型的胀套联轴器结构，适用于轴和轴上零件的连接，可以传递扭矩、轴向力或两者的复合负载。它是依靠拧紧高强度螺栓使包容面产生压力和摩擦力来传递负载的一种无键连接方式。

胀套联轴器制造和安装简单；有良好的互换性，且拆卸方便；可以承受重负载，如果一个胀套不够，可以多个并联使用；使用寿命长，强度高；超载时可以打滑卸载保护设备不受损伤。但是如果轴、孔是同种材料，一旦打滑，两者容易产生冷焊胶合不能分开，导致损坏。

（2）弹性套柱销联轴器　弹性套柱销联轴器是利用一端带有弹性套（橡胶材料）的柱销装在两半联轴器凸缘孔中，以实现两半联轴器弹性连接的联轴器，其结构如图 4-49 所示。力矩通过装有弹性套的钢质柱销和配合的销孔来传递。它不但能补偿各种类型的轴的安装偏差，而且能吸收偏差引起的振动和冲击。

图 4-48　胀套联轴器

图 4-49　弹性套柱销联轴器

3. 柔性联轴器

柔性联轴器也称挠性联轴器。柔性联轴器强度高、承载能力大，一般其许用瞬时最大转矩为许用长期转矩的 3 倍以上；弹性高，阻尼大，具有足够的减震能力；具有足够的补偿性，满足工作时两轴发生位移的需要，可靠性稳定。

膜片联轴器采用一种厚度很薄的弹性件，制成各种形状的膜片，如图 4-50 所示为两种膜片形状，膜片周边上有若干个螺栓孔。

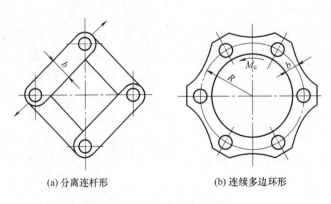

(a) 分离连杆形　　　　　　　(b) 连续多边环形

图 4-50　膜片联轴器形状

图 4-51 所示为一种多膜片联轴器。为了获得相对位移，常采用中间体，其两端各有一组膜片组成两个膜片联轴器，分别与两端主、从动轴连接。膜片联轴器结构简单，膜片连接没有间隙，一般不需要润滑，维护方便，只是扭转弹性较低，缓冲减震性能较差。

图 4-52 是一种新型的膜片联轴器，采用高强度合金材料及玻璃钢材料制造，轻巧、

免润滑、耐高低温、抗疲劳性强、超级绝缘，专用于连接风电机组的齿轮箱和发电机。适用于高速、重载条件下调整传动装置轴系扭转振动特性，补偿因振动、冲击引起的主从动轴径向、轴向和角向位移，吸收轴系因外部负载的波动而产生的额外能量，并不间断传递扭矩和运动。

图 4-51 多膜片联轴器   图 4-52 新型膜片联轴器

该联轴器具有扭矩限制功能。当机组发生短路或过载时，联轴器上的扭矩超过了设定扭矩，扭矩限制器便会产生分离，当过载情形消失后自动恢复连接，从而能够有效防止机械损坏和昂贵的停机损失。

六、制动系统

风电机组是一种重型装备，工作在极其恶劣的条件下，因此对其安全性有着极高的要求。除风力变化的不可预测性外，机件常年重载工作随时都存在损坏的可能性。在这些情况下风电机组必须能够紧急停车，避免对风电机造成损害或故障扩大。在进行正常维修时，也要求能进行停机检修。风电机组必须设计有制动系统，以实现对风电机组的保护。

制动系统是一种具有制止运动作用功能的零部件的总称。风电机组的制动系统应符合《风电机组安全要求》（GB/T 18451.1—2001）相关条款的规定，应设计为独立的机构，当风电机组及零部件出现故障时制动系统能独立进行工作，如图 4-53 所示。

1. 制动系统的组成

制动系统一般是由制动器和操纵机构两个部分组成的。

（1）制动器 制动器是具有使运动部件（或运动机械）减速、停止或保持停止状态等功能的装置，是使机械中的运动件停止或减速的机械零件，俗称刹车、闸。制动器主要由制架、制动件和操纵装置等组成。有些制动器还装有制动件间隙的自动调整装置。为了减小制动力矩和结构尺寸，制动器通常装在设备的高速轴上，但对安全性要求较高的大型设备（如矿井

图 4-53 制动系统

提升机、电梯、风电机组等）则应装在靠近设备工作部分的低速轴上。

（2）驱动机构 包括将制动能量传输到制动器的各个部件。驱动机构的选型和设计应

易于实现风电机组制动系统的自动控制功能。驱动机构的力学性能应与制动系统的设计要求一致。驱动机构的形式应优先采用电磁驱动机构或液压驱动机构。

① 电磁驱动机构：电磁制动多用于老式的风电机组中，是从起重机械运用比较成熟的产品移植到风电机上的。它的结构原理是利用制动电磁铁，牵引杠杆式夹钳与弹簧压力相配合，实现对安装在轮轴上的制动盘或鼓夹紧制动。

电磁制动装置分为通电制动和断电制动两种类型。断电制动在停电时制动，相对更为安全可靠，使用普遍。电磁制动的制动力随制动摩擦片的磨损而逐渐减小，而且没有自补偿功能，这是近年来风电机将其淘汰的原因。因此使用电磁驱动的制动器必须定期检查摩擦片的磨损情况，发现摩擦片的磨损接近规定值时应立即更换。

驱动机构产生的推力值的变化不应超过额定值的 5%。如果没有特别说明，驱动机构的响应时间不应大于 0.2s。驱动机构的动作应灵活可靠，准确到位。驱动机构中传递力和力矩的零部件应有足够的强度和刚度。

② 液压驱动机构：液压系统是钳盘式制动器的驱动压力源。液压系统中普遍使用电磁阀，电磁阀便于实现远程集中控制；机械液压制动摩擦片磨损后具有自补偿功能，且制动力调整方便，只要调整制动系统溢流阀的溢流压力即可。所以现代风电机普遍采用液压制动系统。液压制动机构的管路连接和密封应具有可靠的密封性能。

风电机的液压系统是一个集中统一的系统，为风电机组上的所有液压设备提供液压动力，这样可以降低成本，简化液压系统，减少占舱面积。

（3）动力装置 包括供给、调节制动所需能量以及改善能量传递状态的各种部件。

（4）控制装置 包括产生制动动作和控制制动效果的各种部件。如偏航控制系统、变桨距控制系统。

2. 制动系统的分类

（1）按制动能源来分类

① 人力制动系统：产生制动力的能量是完全由人的体力来供给的制动系统。

② 动力制动系统：产生制动力的能量是由动力来提供的制动系统。其制动能源可以是空气压缩机产生的压缩空气、电磁铁产生的电磁力或液压泵产生的液体压力。

③ 伺服制动系统：产生制动力的能量是由人工和一个或几个能量供应装置共同供给的制动系统。风电机组的制动系统为伺服制动系统。

（2）按制动能量的传输方式来分类 制动系统可分为机械式、液压式、气压式和电磁式等。同时采用两种以上传递能量方式的制动系统可称为组合式制动系统

3. 制动系统的工作原理

制动系统的一般工作原理是，利用与机组相连的非旋转元件和与机组相连的旋转元件之间的相互摩擦来阻止轮轴的转动或转动的趋势。

（1）制动系统不工作时 旋转元件与非旋转元件之间有一定的间隙，旋转元件可以自由旋转。

（2）制动系统工作时 液压缸固定在制动器的底板上固定不动。制动钳上的两个摩擦片分别安装在制动盘的两侧。液压缸的活塞受油管输送来的液压作用，推动摩擦片压向制动盘发生摩擦制动，非旋转元件对旋转元件产生摩擦力矩，从而产生制动力。

使机械运转部件停止或减速所必须施加的阻力矩称为制动力矩。制动力矩是设计、选

用制动器的依据，其大小由机械形式和工作要求来决定。制动器上所用摩擦材料（制动件）的性能直接影响制动过程，而影响其性能的主要因素为工作温度和温升速度。摩擦材料应具备较高且稳定的摩擦系数和良好的耐磨性。摩擦材料分为金属和非金属两类。前者常用的有铸铁、钢、青铜和粉末冶金等，后者有皮革、橡胶、木材和石棉等。

（3）解除制动　旋转元件与非旋转元件回归原位，制动力矩消失。

4. 风电机组的制动方式

在风电机组中，一般同时提供空气动力制动和机械制动。但是，如果每个叶片都有独立的空气动力制动系统（每个叶片独立变桨距），而且每个空气动力制动系统都可以在电网断电的情况下使风力机减速，那么就不必为此设计机械制动器，此时，机械制动器的功能只是使风轮静止，即停车，因为空气动力制动不能使风力机停车，只是将转速限定在允许的范围内。

（1）空气动力制动　空气动力制动是用叶片增加空气动力阻力来产生制动力。该制动方式充分利用风能这种清洁、自然、环保的能源；而且该装置既无磨耗件，又无摩擦热，因而具有可靠性高、维修费用低等特点。并且空气动力阻力与速度的平方成正比，速度越高则制动力越大。

空气动力制动的方法主要有：叶尖扰流法、自动偏航及主动变桨距法。

a. 叶尖扰流法：也称定桨距叶片的空气动力制动。空气动力制动在定桨距风电机上是利用叶尖顺桨距进行制动的方式，其结构如图 4-54 所示。活动的叶尖部分长度一般为叶片长度的 15%～20%，叶尖安装在叶尖转轴上，在正常运行时用液压缸拉紧抵消离心力。一旦液压释放（由控制系统触发或直接由超速传感器触发），叶尖在离心力的作用下向外飞出，并同时通过螺杆变距到顺桨距状态。风轮的转速会降低但不会停止，叶片停止转动还要靠机械制动。

气动刹车机构是由安装在叶尖上的扰流器通过不锈钢丝绳与叶片根部的液压缸的活塞杆相连接构成的。当风电机组正常运行时，在液压力的作用下，叶尖扰流器与叶片主体部分精密地合为一体，组成完整的叶片。当风电机组需要脱网停机时，液压缸失去压力，扰流器在离心力的作用下释放并旋转 80°～90°，形成阻尼板，由于叶尖部分处于距离轴

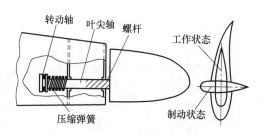

图 4-54　叶尖制动的结构

最远点，整个叶片作为一个长杠杆，使扰流器产生的气动阻力相当高，足以使风电机组在几乎没有任何磨损的情况下迅速减速，这一过程即为叶片空气动力制动。叶尖扰流器是风电机组的主要制动器，每次制动时都是它起主要作用。在叶轮旋转时，作用在扰流器上的离心力和弹簧力会使叶尖扰流器脱离叶片主体转动到制动位置；而液压力的释放，不论是由于控制系统的正常指令，还是液压系统的故障引起的，都将导致扰流器展开而使叶轮停止运行。因此，空气动力刹车是一种失效保护装置，它使整个风电机组的制动系统具有很高的可靠性。

b. 自动偏航：遇到大风情况，风力机的机头偏离主风向，向上扭头使风轮变成水平方向，或向左右侧面扭头旋转 90°使风轮平面与主风向平行，而尾翼仍然平行于风向，这

样当机头偏离主风向时，吸收风能的效率自然降低，从而有效保护风电机。

c. 主动变桨距法：变桨距风电机的叶片只要变桨距到顺桨，即叶片弦线顺着风向，就形成一个高效的空气动力制动。要求变桨距速度为 $10°/s$ 就足够了，这也是功率控制的要求。依靠变桨距控制来实现紧急制动的风电机，每个叶片需要独立制动，而且所有叶片都要满足"失败-安全"运行要求，即来自机舱的电源或液压驱动瞬间切断时，要求仍能可靠进行空气动力制动。在电动机驱动情况下，电力由蓄电池提供。在液压驱动情况下，液压油一般存储在轮毂中的蓄能器里。

（2）机械制动　因为空气动力制动不能使风力机停车，所以每台风电机必须配备机械制动系统。风电机上所使用的机械制动器全部为性能可靠、制动力矩大、体积小的钳盘式制动器，并应具有力矩调整、间隙补偿、随位和退距等功能。所以先将钳盘式制动器的相关知识给大家介绍一下。

a. 钳盘式制动器的结构：钳盘式制动器又称为碟式制动器，是因为其形状而得名的。它由液压控制，主要零部件有制动盘、液压缸、制动钳、油管等。钳盘式制动器摩擦副中的旋转元件是以端面工作的金属圆盘，称为制动盘。工作面积不大的摩擦块与其金属背板组成的制动块，每个制动器中有 $2\sim4$ 个。这些制动块及其驱动装置都安装在横跨制动盘两侧的夹钳形支架中，总称为制动钳。

b. 钳盘式制动器的工作原理：制动盘用合金钢制造并固定在轮轴上，随轮轴转动。液压缸固定在制动器的底板上固定不动。制动钳上的两个摩擦片分别安装在制动盘的两侧。液压缸的活塞受油管输送来的液压作用，推动摩擦片压向制动盘发生摩擦制动，动作起来就像用钳子钳住旋转中的盘子，迫使它停下来一样，如图 4-55 所示。

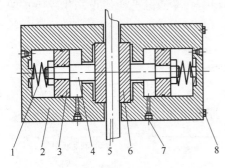

图 4-55　钳盘式制动器原理示意
1—弹簧　2—制动钳体　3—活塞
4—活塞杆　5—制动盘
6—制动衬块　7—接头　8—螺栓

制动力矩的建立：常闭型钳盘式制动器的加载是靠弹簧力，制动器的制动覆面与制动盘表面贴合，钳盘式制动器闭合，并通过调整弹簧压力来调整制动力矩的大小。

制动力矩的解除：制动器的制动覆面脱离制动轮表面，钳盘式制动器释放。瓦块制动覆面与制动盘表面正常释放状态时，瓦块制动覆面的任何部位与制动轮表面不接触，这种性质叫制动瓦块的随位性。制动器在释放状态下，瓦块制动覆面中部母线与制动轮表面的距离称为制动瓦块的退距；制动器释放过程中柱塞移动的距离称为驱动液压缸的一个工作行程。

c. 钳盘式制动器的特点：钳盘式制动器与其他制动器相比，有以下优点。一般无摩擦助势作用，因而制动器效能受摩擦系数的影响较小，即效能较稳定；浸水后效能降低较少，而且只需经一两次制动即可恢复正常；在输出制动力矩相同的情况下，尺寸和质量一般较小；较容易实现间隙自动调整，调整液压系统的压力即可调整制动力矩的大小，保养维修也较简便。因为制动盘外露，还有散热良好的优点。这种制动器散热快，质量轻，构造简单，调整方便。特别是负载大时耐高温性能好，制动效果稳定。有些盘式制动器的制动盘上还开了许多小孔，可以加速通风散热并提高制动效率。制动盘上的孔还可以作为风轮锁定装置的一部分。

钳盘式制动器也有自己的不足之处。例如，对制动器和制动管路的制造要求较高，摩擦片的耗损量较大，成本较高，而且由于摩擦片的面积小，相对摩擦的工作面也较小，需要的制动液压力高，一般要使用伺服装置。

制动系统总是处于准备工作状态，随时对风电机组进行制动，可以由电力或液压进行驱动。但是在正常停机的情况下，液压力不能完全释放，即在制动过程中只作用了一部分弹簧力。为此，在液压系统中设置一个特殊的减压阀和蓄能器，以保证在制动过程中不完全提供弹簧的制动力。为了监视机械制动机构的内部状态，制动夹钳内部装有温度传感器和指示制动片厚度的传感器。

空气动力制动性能优于机械制动，所以通常风电机组停机时，优先选择空气动力制动。

（3）机械制动装置的技术性能要求

① 制动装置的零部件应具有足够的刚度和强度，并具有失效保护功能。制动装置的结构应具有完整性、简单性；制动装置应拆装方便，并且与配套的设备兼容。

② 机械制动装置在额定负载状态下的制动力矩应不小于所提供的额定值；机械制动装置应允许将制动力矩调整至 $0.7\sim1$ 倍的额定值范围内使用。

③ 机械制动装置的响应时间应不大于 $0.2s$。

④ 摩擦副应进行热平衡计算，给出连续两次制动的最小时间间隔。

⑤ 对电磁驱动的机械制动装置在 50％ 的弹簧工作力和额定电压的条件下，按驱动装置的额定操作频率操作，应能灵活地闭合；在额定制动力矩时的弹簧力和 85％ 的额定电压下操作，制动装置应能灵活地释放。

⑥ 对液压驱动的机械制动装置在 50％ 的弹簧工作力和额定液压压力的条件下，按驱动装置的额定操作频率操作，应能灵活地闭合；在额定制动力矩时的弹簧力和 85％ 的额定液压力下操作，制动装置应能灵活地释放。

⑦ 在额定工作压力和制动衬垫温度在 250℃ 以内的条件下，制动装置的制动力矩应满足风电机组所需的最小动态制动力矩的要求。

⑧ 在制动状态下，摩擦副工作表面的贴合面积应不小于有效面积的 80％。

⑨ 在非制动状态下，摩擦副的调整间隙在任何方向上均应在 $0.1\sim0.2mm$。

（4）风电机常用制动器

① 高速轴制动器：风电机的高速轴为齿轮箱的输出轴，此处转动力矩较低速轴小几十倍。高速轴制动器的体积比较小。制动盘安装在高速轴上，制动钳安装在齿轮箱体的安装面上，用高强度螺栓固定。

② 低速轴制动器：大型风力机一般采用变桨距系统，不必在低速轴上使用制动器。没有叶尖制动的定桨距风力机则必须在低速轴上使用制动器。由于风电机的低速轴转矩非常大，所以制动盘的直径比较大，有安装在主轴上的，也有将制动盘制成与联轴器一体的。制动钳一般至少使用两个，直接安装在风力机底盘的支架上。

③ 偏航制动器：偏航制动器制动盘是与偏航轴承一起安装在塔架上的，由于风电机的机舱和风轮总质量在百吨左右，所以转动起来转动惯量很大。为保证可靠制动，一台风电机上至少需要八个偏航制动钳，除制动功能外还要有阻尼功能以使偏航稳定。制动钳安

装在底盘的安装支架上，用高强度螺栓固定。

（5）制动系统的操作模式　制动系统应适应风电机组的操作模式。风电机组一般设有人工操作模式和自动控制模式，并可根据需要随时切换操作模式。人工操作模式一般用于风电机组的调试与维修，自动控制模式用于风电机组远程无人值守运行。对各种操作模式的要求如下。

① 在任何条件下，风电机组制动系统不能同时从属于两种操作模式，在同一时刻只能从属于一种特定的操作模式。

② 在同等条件下选择操作模式时，人工操作模式和自动操作模式应具有相同的优先级，最后设置的操作模式为当前操作模式。

③ 在人工操作模式下，可根据风电机组的启动和停止需要，人为地使制动系统投入到制动状态或解除其制动状态。

④ 在自动控制模式下，只有控制系统能够根据相关条件，使制动系统投入到制动状态或解除其制动状态。

⑤ 人工操作模式和自动操作模式应是相互独立的，但应在控制系统中设置自动操作模式的屏蔽装置。

（6）制动控制系统的其他要求　风电机组在解缆状态下不应解除制动状态，应在解缆状态结束并且相关的条件满足后方可解除制动状态；在制动状态下方可进入解缆过程。在风电机组的正常偏航状态下，满足条件时应可进入制动状态；在风电机组的制动状态下，满足条件时也可进入偏航状态。

第四节　机舱、主机架与偏航系统

一、机舱和轮毂罩

机舱与主机架是位于风电机组最上方，支撑除塔架以外的所有风电机的零部件在塔架以上高度，并对主机架上安装的所有设备进行安全防护的装置，用以保护齿轮箱、传动轴系和发电机控制柜等主要设备及附属部件，免受风沙、雨雪、冰雹以及烟雾等恶劣环境的直接侵害。机舱的顶端还安装有风速计和风向仪。广义的机舱包括机舱和底盘两部分，机舱和主机架装配后构成一个封闭的壳体。

1. 机舱

（1）机舱的设计要求

① 机舱应设计成美观、轻巧、对风阻力小的流线型体。

② 机舱的设计应满足强度和刚度要求，应保证在极限风速下不会被破坏。

③ 机舱的材料应选用成本低、质量轻、强度高、耐腐蚀能力强、加工性能好的材料制作。

④ 机舱的设计应考虑风电机组的通风散热问题，维修用零部件的出入问题，机舱顶部风速、风向检测仪器的维修问题。

（2）机舱的结构　机舱的结构由机舱的设计要求、风电机组零部件的装配关系和机舱的制作材料所决定。但不管使用哪种材料制作，以下几部分是必不可少的，即机舱是由左

下部机舱壁、右下部机舱壁、左机舱壁、右机舱壁、上部机舱壁、上背板、下背板七大主
要部分组成，并由螺栓联结组合而成的壳体，如图 4-56 所示。

左部机舱壁

左下部机舱壁

阻流板
冷却器
上部机舱壁
上背板
右部机舱壁
下背板
右下部机舱壁

图 4-56　机舱的结构

除了上下背板外的其余五部分的内侧都有筋板，用以增加强度，左下部机舱壁和右下
部机舱壁纵向还有底板，人可以在底板上面对机组进行拆装、维修等活动；右下部机舱壁
在底板上还设有一个紧急出口盖，用两片合页跟底板联结，在紧急出口盖的下方，右下部
机舱壁上也专门设置紧急出口框架，用锁扣跟机舱壁联结在一块，当发生紧急情况时，工
作人员可以快速打开紧急出口盖和紧急出口框架并借助主机架里的逃生装置从塔架外部
逃脱。

为了机舱内的通气和安装固定机舱外部设备（空气冷却器、风速风向仪及吊架）的方
便，上部机舱壁上方还设有通气孔和阻流板。为了防止雨水流入机舱内部，通气孔做成壶
状，开口朝向顺风向。通气孔的下方靠近齿轮箱的冷却风扇，目的就是便于冷却风扇工作
时气流排出。阻流板内侧通过螺钉固定着吊架，吊架伸出部分的顶端法兰盘上又通过 4 个
螺栓固定风向标和风向仪，此外水冷系统的冷却器也用螺栓固定在吊架上。上部机舱壁的
上方还有顶端前盖和顶端后盖是为人员对外
部设备的维修拆装之用，前盖后盖都可以打
开，工作人员探出身体就可以对前盖附近的
避雷器和后盖附近的风速风向仪和冷却器进
行维修或者拆装，如图 4-57 所示。

机舱罩内壁分布着内置接地电缆，网状
排布，作为防雷击系统的一部分。

（3）机舱材料　目前机舱制造使用最普
遍的材料是玻璃钢，个别使用铝合金和不锈
钢。机舱制成后送到风电机组总装厂，利用

图 4-57　测风仪与冷却器

螺栓将各部件安装到底盘上，装配成形后接缝处用密封胶密封。风电机组的机舱生产属于
小批量生产。铝合金和不锈钢机舱因为受到工艺条件的限制，多是见棱见角的外形。铝合

金和不锈钢机舱的内部承力结构使用型材，外部覆盖铝合金和不锈钢薄板，其结构与火车车厢相似。

用玻璃钢制造的中型风电机组的机舱一般为整体结构。用玻璃钢制造的大型风电机组的机舱因为体积大、质量大，一般采用拼装结构，其剖分面根据机舱的外形设计、机舱与底盘的安装方式、玻璃钢的加工工艺综合考虑确定。

2. 轮毂罩

轮毂罩是由轮毂罩体、导流帽、防雨罩、分隔壁等部件通过螺栓联结组合而成的壳体，一般高 3.6m，直径 2m，如图 4-58 所示。

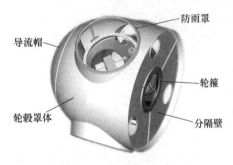

图 4-58　轮毂罩

轮毂罩体的凸出部分也就是叶片一侧用螺栓联结有防雨罩用于防雨；导流帽跟其自身内部的倒锥座是一体的，导流帽不仅跟轮毂罩体用螺栓联结，而且倒锥座还通过螺栓跟轮毂前端相联结，起着减小机舱迎风阻力的作用，同时还可以美化风电机的外观。导流罩外形设计成符合空气动力学特性的流线型。分隔壁上面每块都有一个椭圆孔，用以工作人员出入轮毂使用。如果工作人员想进入轮毂内部，则先从分隔壁椭圆孔钻入，爬到前面倒锥座的孔处钻入。进入时一定要小心。

轮毂罩体的材料为玻璃钢（GFK），是由聚酯树脂、胶衣、面层、玻璃纤维织物等材料复合而成的。而导流罩外形为圆滑的流线型，使用金属制造比较困难，一般都使用玻璃钢制作。

二、主机架

风电机的主机架也称为底盘，是定位、安装机械零部件的机器骨架。风电机组的底盘除用于固定和安装零部件外，还将机舱及其容纳物支撑在塔架以上高度，并与塔架进行连接。底盘与机舱装配后便形成了一个可以给机组零部件遮风挡雨的封闭空间。

1. 底盘的技术要求

风电机的底盘也称为主机架。底盘是风电机组风轮、主轴、齿轮箱、发电机、偏航回转支撑（偏航轴承）、液压系统、润滑系统、冷却系统、控制系统和机舱的安装物理基础（实体），同时承担着与塔架连接的重要任务。底盘在风电机组中起着承上启下的重要作用，为保证底盘能很好地实现其功能，它必须满足下面的要求。

（1）底盘的设计必须满足风电机组对底盘强度和刚度的要求，底部结构要与整体布置统一考虑，应力求紧凑、轻巧、耐用。

（2）为了使机舱内大部件维修方便，在底盘后半部下侧必须设置检修孔，检修孔的大小以能吊装底板上最大尺寸的设备为宜。

（3）底盘结构必须进行防腐设计，以保证其在所规定的外部条件下不出现腐蚀。

（4）底盘上的安装平面均应进行适当的机械加工，以保证安装平面的平面度及各平面的相互位置精度。

2. 底盘的结构　风力机底盘的结构比较复杂，90％以上的风电机零部件都要安装在它的上面；安装表面和连接尺寸众多，多数有比较高的位置精度和尺寸精度要求，同时还要求有足够的强度和刚度。因此，底盘的结构设计必须考虑各零部件的传动关系和装配关系，保证足够的强度和刚度，并应充分考虑加工的可行性和成本。底盘的结构设计完成后，必须经过试制和试装，当满足一切要求后才能定型生产。常用的底盘典型结构有两种。

（1）使用齿轮箱的异步机组底盘　使用齿轮箱的异步机组底盘因纵向尺寸较长，所以体积和质量较大。使用齿轮箱的异步机组底盘因部分结构不同又分为两种类型。

第一类底盘的特点是风轮轴轴线与塔架上平面是平行的，其风轮轴安装平面、齿轮箱安装平面、发电机安装平面、偏航轴承安装平面、液压站安装平面等也都是与塔架上平面平行的。这种底盘一般与锥形风轮相配套，以防止大风时叶片变形造成叶片碰撞塔架。因为这种底盘的各个安装平面都是相互平行的，所以其加工起来比较简单。

另一类底盘的特点是风轮轴轴线与塔架上平面成 5°或 6°的夹角，所以称为仰头型底盘，其作用是防止大风时叶片变形造成叶片碰撞塔架。由于风轮轴有一个仰角，所以使用这种底盘的风电机组适宜配套平面型风轮。因为风轮轴轴线与塔架上平面有 5°或 6°的夹角，因此要求底盘上的偏航轴承安装平面与塔架上平面平行；而风电机主传动链的轴线与偏航轴承安装平面有 5°或 6°的仰角，即风轮轴安装平面、齿轮箱安装平面、发电机安装平面都与偏航轴承安装平面有 5°或 6°的仰角。而与传动链无关的液压泵站、控制柜等其他设备的安装平面都是与偏航轴承安装平面平行的。

风电机组的底盘需要承受除塔架外所有机组零部件的质量与风力产生的载荷，为此底盘一般采用承载能力强的箱形结构。箱体的底面宽度应大于偏航轴承的直径，长度应由传动链部件的装配累计长度加上维修窗口长度来确定，即由风轮轴、齿轮箱和发电机装配后的长度和维修窗口长度决定。箱体部分焊接结构为一正方形，铸造结构一般为圆形；底面上开有一个满足偏航系统需要的大圆孔，在箱体靠近四个角的地方或对称地设计有安装偏航驱动装置的法兰面。在箱体的前端设有安装风轮轴前支撑的安装面，在箱体的后端设有齿轮安装面或浮动安装的齿轮箱托架安装面，在底板的最后端设有发电机安装面。控制系统、液压系统、润滑系统和冷却系统的部件由于没有几何位置精度要求，则直接安装在主传动链两侧或后部的底盘上，没有特别要求不专门设置安装面。

（2）直驱型同步机组的底盘　直驱型同步机组的底盘因为没有齿轮箱，发电机紧挨着风轮，所以没有异步机组那样的大尾巴机舱，因此直驱型同步机组的底盘的体积和质量都小很多，结构也比较简单，一般都采用铸造成型。直驱型同步机组的底盘如图 4-59所示。

（3）FL1500 机组的底盘　不同风电机组其底盘结构也不相同，其中 FL1500 机组的底

图 4-59　直驱型同步机组的底盘

盘主要构成如图 4-60 所示。

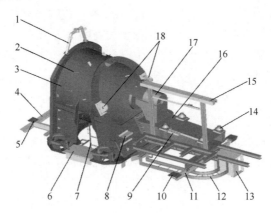

图 4-60 FL1500 机组的底盘

1—壳体吊挂 2—梯子 3—增速机机架 4、11—机架悬臂 5、10—U 形板 6—踏板 7—机舱梯子
8—背壁板 9—电缆管夹总成 12—电缆支架 13—调节装置吊挂 14—弹性轴承 15—变频器吊挂
16—发电机底座 17—联轴器罩子 18—提升吊耳

三、偏航系统

1. 偏航系统概述

风的方向是随时间不断变化的，而风电机必须迎着风向才能最大效率地利用风能，因此风电机组的机舱也必须跟随着风向的变化来不断改变方向，以保证始终处于迎风状态，这就需要一个系统能够测得风向并根据测得的风向控制机舱旋转对风，这就是下面将要介绍的偏航系统。偏航系统是水平轴式风电机组必不可少的组成系统之一，对风电机组利用风能起着非常巨大的作用。

（1）偏航系统分类　风电机组的偏航系统一般分为主动偏航系统和被动偏航系统。被动偏航系统指的是依靠风力通过相关机构完成机组风轮对风动作的偏航方式，常见的有尾舵、舵轮和下风向三种；主动偏航系统指的是采用电力或液压拖动来完成对风动作的偏航方式，常见的有齿轮驱动和滑动两种形式。

（2）偏航系统功能

① 当风速小于额定风速时，与风电机组的控制系统相互配合，使风电机组的风轮始终处于迎风状态，充分利用风能，提高风电机组的发电效率。

② 当风速超过额定风速后，使风轮偏离迎风状态，降低风轮转速提供调速功能。

③ 当风速超过切出风速时，使风轮平面顺风，降低风轮转速提供安全保障。

④ 提供必要的阻尼力矩和锁紧力矩，以保障风电机组的安全运行。

⑤ 偏航系统还具有解缆作用，当机舱在反复调整方向的过程中，有可能发生沿着同一方向累计转了许多圈，造成机舱和塔底之间的电缆扭绞，此时偏航系统即发出信号，机组自动解缆。

2. 主动偏航系统

主动偏航系统指的是采用电力或液压拖动来完成对风动作的偏航方式，常见的有齿轮驱动和滑动两种形式。对于并网型风电机组来说，通常都采用主动偏航的齿轮驱动型式。

这里重点介绍齿轮驱动的主动偏航系统。

（1）偏航系统的组成　偏航系统主要是由偏航系统执行机构（偏航大齿圈、侧面轴承、滑垫保持装置、滑动衬垫、偏航驱动装置、圆弹簧即调整螺栓）、偏航制动器、偏航控制器、偏航计数器、偏航液压系统、风速风向仪等部分组成的，如图4-61所示。

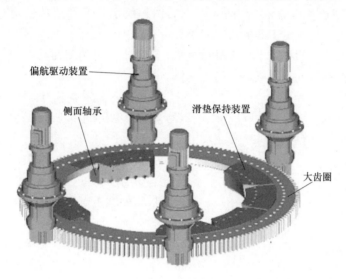

图 4-61　偏航系统结构

① 偏航系统执行机构

a. 侧面轴承及其组件：侧面轴承是一个弧状的阶梯块，共有 6 块，每块都有 5 个 ϕ105mm 的沉孔分布于圆弧，用于放置定位销、圆形弹簧和压板，每个孔的底部有 M33 的螺纹孔，用于安装调整螺栓，因为下滑动衬垫是用 Araldite2015（需根据装配工艺卡来修改型号）粘合在压板上的，所以调整螺栓的旋入深度就可以调整滑动衬垫与大齿圈之间的紧密程度，从而得到最佳阻尼，如图4-62所示。

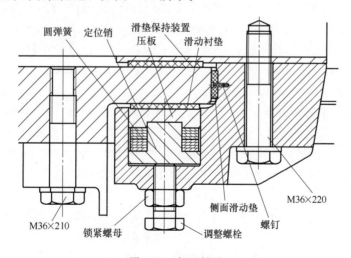

图 4-62　侧面轴承

另外侧面轴承还有 6 个 ϕ39mm 的孔分布于圆弧内圈，M36 螺栓通过这些孔将侧面轴承与主机架紧固在一起。当机舱需要偏航时，侧面轴承带动滑动衬垫随机架共同旋转。下滑动衬垫是特殊材料制作的圆形垫片，厚度 10mm，直径 100mm，具有自润滑的功能，也就是在滑动过程中滑动垫片自产生润滑材料，不用加注润滑油。圆弹簧是放在定位销上的，如图 4-62 所示，每个定位销共有 8 个圆弹簧，分两组背靠背放置。

b. 滑垫保持装置及其组件：如图 4-63（右图）所示，下滑动衬垫是放入压板凹槽内的，而上滑动衬垫若要固定于凹槽内，就要靠滑垫保持装置了，共有 6 片，靠近叶轮一侧有两片，每片上有 7 个凹槽用于粘接滑动衬垫。6 个小孔用于侧面轴承与主机架连接螺栓穿过，使得滑垫保持装置与主机架连接为一体。

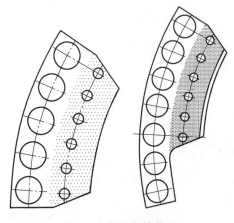

图 4-63　滑垫保持装置

靠近发电机一侧有 4 个滑垫保持装置，其形状如图 4-63（左）所示，它 5 个凹槽用于粘接滑动垫片。

c. 偏航驱动装置：偏航驱动装置用于提供偏航运动的动力。在对风、解缆时，偏航驱动装置驱动机舱相对于塔架旋转。驱动装置一般由偏航电机及制动器、偏航小齿轮箱、偏航小齿轮组成。它们是通过螺栓及内部的花键连接成一体的，再共同和主机架用螺栓件连接在一起。偏航驱动装置共有 4 组，每一个偏航驱动装置与主机架连接处的圆柱表面都是偏心的，以达到通过旋转整个驱动装置调整小齿轮与齿圈啮合侧隙的目的。每个齿轮箱还有一个外置的透明油位计，用于检查油位。油位计是通过管路和呼吸帽及加油螺塞连着的，当油位低于正常油位时，旋开加油螺塞补充规定型号的润滑油。偏航电机功率 2.2kW，内部含有温度传感器，控制绕阻温度在 155℃ 之内。偏航齿轮箱是行星式减速机，制动器位于发电机尾部，如果偏航电机发生故障，则控制系统会设置一个电气制动，防止电机横向旋转。为了使得机舱在偏航过程中平稳精确，小齿轮与大齿圈之间的侧隙应保证在 0.7～1.3mm 之间。

d. 偏航大齿圈：偏航齿圈通过 88 个 M36 高强度螺栓与塔架紧固在一起，齿圈内圈有一阶梯，上下面都是和滑动衬垫配合的。四个偏航小齿轮就是和这个大齿圈啮合并围绕着它旋转的，从而带动整个机舱旋转。

e. 接近开关：接近开关是一个光传感器，利用偏航齿圈齿的高低不同而使得光信号不同来工作，采集光信号并计数。通过一左一右两个接近开关采集的信号，控制系统控制机组偏航不超过 ±650°，防止线缆缠绕。接近开关是安装到支架上的，调整背紧螺母可以调整接近开关和偏航齿圈齿顶之间的距离，为了采集到信号，这个距离应保持在 2.0～4.0mm。

f. 限位开关：限位开关也是防止电缆缠绕而设置的传感器。当机舱偏航旋转圈数达到 ±700° 度时，限位开关发出信号，整个机组快速停机。齿轮箱限位开关与大齿圈相啮合，限位开关上的齿轮将转动传递到凸轮开关轴上，在凸轮开关轴上有三个凸轮环，其正常位置（三个凸轮盘之间的角度错位）可以单独调整。三个开关均为快动开关（切换时间短），并且每个都有一个断路触点和闭合触点。

② 风速风向仪：偏航实现其功能，必须采集到风向，风速风向仪就是实现这个功能的。

③ 偏航制动装置：偏航制动装置的作用是当风电机组不偏航时使偏航停止，防止机舱在偏航干扰力矩作用下发生偏航振动而伤害偏航驱动装置，保证机舱平稳转动。当偏航系统使用滑动轴承时，因其摩擦阻力矩比偏航干扰力矩大得多，故一般不需要另外配置制动装置。偏航制动装置仅在使用滚动偏航轴承的偏航系统中应用。

偏航制动装置由制动盘和偏航制动器组成。偏航制动器是偏航系统中的重要部件，图4-64为偏航制动器实物图。在机组偏航过程中，制动器提供的阻尼力矩应保持平稳。一般采用液压拖动的钳盘式制动器，制动盘要有足够的强度和韧性。制动钳一般由制动钳体和制动衬块组成，钳体通过高强度螺栓连接于主机架上。

偏航制动器设有自动补偿机构，以便在制动衬块磨损时进行自动补偿，保证制动力矩和偏航阻尼力矩的稳定。

在偏航系统中，制动器可以采用常闭式和常开式两种结构形式。常闭式制动器是在有动力的条件下处于松开状态，常开式则是处于锁紧状态。比较两种形式并考虑失效保护，一般采用常闭式制动器。制动盘通常位于塔架或塔架与机舱的适配器上，一般为环状。

图 4-64　偏航制动器

④ 偏航传感器：偏航传感器用于采集和记录偏航位移。位移一般以当地北向为基准，有方向性。传感器的位移记录是控制器发出电缆解扭（解捻）指令的依据。

a. 解缆传感器：解缆传感器用来限制风电机组电缆扭转的次数。一般有两种类型：一类是机械式传感器，传感器有一套齿轮减速系统，当位移到达设定位置时，传感器即接通触点（或行程开关）启动解缆程序解缆；另一类是电子式传感器，由控制器检测两个在偏航齿环（或与其啮合的齿轮）旁的接近开关发出的脉冲，识别并累积机舱在每个方向上转过的净齿数（位置），当达到设定值时，控制器即启动解缆程序解缆。

b. 偏航方向传感器：偏航方向传感器是两个并排安放的接近开关构成。

⑤ 扭缆保护装置：扭缆保护装置是偏航系统必须具有的装置，它是出于失效保护的目的而安装在偏航系统中的。它的作用是在偏航系统的偏航动作失效后，电缆的扭绞达到威胁机组安全运行的程度而触发该装置，使机组紧急停机。一般情况下，扭缆保护装置是独立于控制系统的，一旦该装置被触发，则机组必须进行紧急停机。

扭缆保护装置由控制开关和触点机构组成。控制开关安装在塔架内壁的支架上，触点机构安装在机组悬垂部分的电缆上。当悬垂部分的电缆扭绞到一定程度时，触点机构被提升或被松开而触发控制开关。因开关接在机组安全链电路中，电路断开机组安全系统即控制机组停机。

⑥ 偏航计数器：偏航系统中都设有偏航计数器，偏航计数器的作用是用来记录偏航系统所运转的圈数，当偏航系统的偏航圈数达到计数器的设定条件时，则触发自动解缆动作，机组进行自动解缆并复位。计数器的设定条件是根据机组悬垂部分电缆的允许扭转角度来确定的，其原则是要小于电缆所允许扭转的角度。

⑦ 偏航液压系统：并网型风电机组的偏航系统一般都设有液压装置，液压装置的作用是拖动偏航制动器松开或锁紧。一般液压管路应采用无缝钢管制成，柔性管路连接部分应采用合适的高压软管。螺接管路连接组件应通过试验保证偏航系统所要求的密封和承受工作中出现的动载荷。液压元器件的设计、选型和布置应符合液压装置的有关具体规定和要求。液压管路应能够保持清洁并具有良好的抗氧化性能。液压系统在额定的工作压力下不应出现渗漏现象。

（2）偏航系统的工作原理 偏航系统的功能就是捕捉风向，控制机舱平稳、精确、可靠地对风。它的工作过程是这样的，假设现在是东南风，风电机组正常工作，机舱叶轮处于迎风状态，也就是朝向东南方向，但是随着时间变化，风向逐渐变化为南风了，那么风电机组肯定不能在原来位置工作了，这时就由风速风向仪测得风向变化，并传给控制系统存储下来，控制系统又来控制偏航驱动装置中的四台偏航电机往风速变化的方向同步运转，偏航电机通过减速齿轮箱带动小齿轮旋转。小齿轮是与大齿圈相啮合的，与偏航电机、偏航齿轮箱统一称为偏航驱动装置。从图 4-65 可以看出，偏航驱动装置是通过螺栓紧固在主机架上的。而大齿圈是通过 88 个螺栓紧固在塔筒法兰上面的，也就是说大齿圈是不可能旋转的，那么只能是小齿轮围绕着大齿圈旋转带动主机架旋转，直到机舱位置与风向仪测得的风向相一致。当然风向变化是一个连续的过程，并不一定一下子就从东南风就变为南风了，而是一个循序渐进的过程。

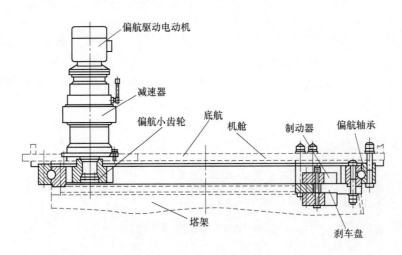

图 4-65　偏航系统原理结构

机舱是可以顺时针旋转也可以逆时针旋转的。在偏航过程中，如果机舱总是朝向一个方向旋转是肯定不行的，因为机舱底部大齿圈内部布置着多根电缆，机舱旋转电缆也就跟着扭转，所以为了防止电缆扭转破坏，需控制机舱同一方向旋转圈数不得超过 ± 650°（从 0°开始，0°为安装风电机组时确定的位置）。这种控制方法就是靠偏航接近开关和限位开关来实现的，接近开关一左一右共两个，负责记录机舱位置，当机舱达到＋650°或－650°时发出信号，控制系统控制偏航电机反向旋转解缆。限位开关是作为极限位置开关使用的，当机舱继续旋转达到±700°时，限位开关被触发而使得风电机组快速停机。

第五节 塔架与基础

一、塔架

塔架支撑位于空中的整个机舱和风轮等的重量，并使机舱和风轮保持在离地一定高度的位置，使风轮能捕获更多的能量。塔架除具有支撑作用外，还需要抵御各种不确定的力和力矩的作用，使整个风电机组能稳定可靠地运行。

1. 塔架的类型与结构

（1）钢圆筒形 钢圆筒形塔架在当前风电机组中大量采用，如图 4-66 所示。钢圆筒形塔架的优点是美观大方，上下塔架安全可靠。钢圆筒形塔架是以钢板或钢管作为材料加工制造的，其结构形式又分为直圆柱形，多用于小型风电机；阶梯圆柱形，常用于中型风电机，制造工艺简单、成本低是其优势；圆锥形，外观布局很美观。

（2）钢筒夹混塔架 钢筒夹混塔架采用双层同心的钢筒，在钢筒间填充混凝土制造而成，塔筒横截面组合的示意如图 4-67 示。

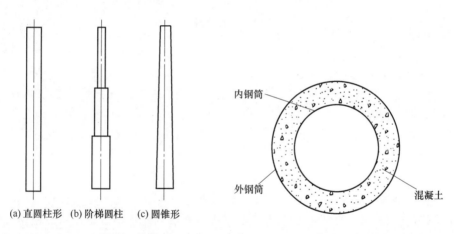

(a) 直圆柱形   (b) 阶梯圆柱   (c) 圆锥形

图 4-66 圆筒形塔架   图 4-67 钢筒夹混塔架横截面

（3）钢混组合塔架 钢筋混凝土结构塔架的最大优点是刚度大，自振频率低，很容易制作出需要的各种形状。但混凝土的砂、石、水泥使用量巨大，运输费用太高，因而限制了它的应用。近年来随着风电机组容量的不断增大，塔架的体积也相对增大，使得塔架运输出现困难，又有以钢筋混凝土塔架取代钢结构塔架的趋势。

钢混组合塔架分段采用钢制与钢筋混凝土制造的两种塔筒组合，其主要构造特点：锥筒塔架分上下两段，其上段为钢制塔架，下段为钢筋混凝土塔架。钢制塔架在距地面的一定高度（约为 20m 左右）处，与钢筋混凝土塔筒顶部相连。连接界面约在支撑平台表面以下 5m 处。

（4）多边形全拼装塔架 使用大型液压弯板机将规定厚度的钢板弯制成 12 或 18 边形的角度，每个拼装件为三个边，上边加工出安装螺栓孔。在风电机安装现场，由四片或六片拼装成一段多棱锥台，将各段多棱锥台上下拼装完成后塔架就成形了。这种结构形式的加工过程比较简单，而且能够进行热镀锌防腐处理，运输也比较方便，具有广阔的前景。

拼接塔架也可以制成阶梯多棱柱形。

目前兆瓦级风电机组中广泛采用钢圆筒形塔架。它的制造工艺比较简单，应用也比较普遍。

2. 塔架的组成

以钢制圆筒形塔架为例，如图 4-68 所示。塔架由塔筒、塔门、塔梯、电缆梯与电缆卷筒支架、平台、外梯、照明设备、安全与消防设备等组成。输电形式采用母线排，安全美观，控制电缆与防雷系统也是依附在塔架上，以保持高处机舱与地面之间的联系。另外，塔架中还配备提升工具等物件用的电动提升机等。

图 4-68　塔架内部构造

（1）塔筒　塔筒是塔架的主体承力构件。为了吊装及运输的方便，一般将塔筒分成若干段，并在塔筒底部内、外侧设法兰盘，或单独在外侧设法兰盘，采用螺栓与塔基相连，其余连接段的法兰盘为内翻形式，均采用螺栓进行连接。根据结构强度的要求，各段塔筒可以用不同厚度的钢板。

由于风速随地面高度的增高而增大，因此增高机组的塔筒高度，可以捕获更多的风能。但是增加塔筒高度将使其制造费用相应增加，随之也带来技术及吊装的难度，需要进行技术和经济的综合性考虑。一般塔架高度为叶轮直径的 1～1.5 倍。

（2）平台　塔架中设置若干平台，如图 4-69 所示，以安装相邻段塔筒、放置部分设备和便于维修内部设施。塔筒连接处平台距离法兰接触面 1.1m 左右，以方便螺栓安装。另外还有一个基础平台，位置与塔门位置相关，平台是由若干个花纹钢板组成的圆板，圆板上有相应的电缆桥与塔梯通道，每个平台一般有不少于 3 个的吊板通过螺栓与塔壁对应固定座相连接，平台下面还设有支撑钢梁。

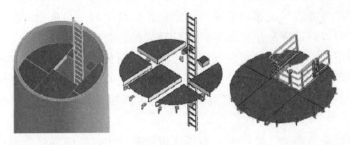

图 4-69　平台

（3）电缆及其固定　电缆由机舱通过塔架到达相应的平台或拉出塔架以外。电缆卷筒与支架位于塔架顶部，保证电缆有一定长度的自由旋转，同时承载相应部分的电缆质量。

电缆通过支架随机舱旋转，达到解缆设定值后自动消除旋转。安装维护时应检查电缆与支架间隙，不应出现电缆擦伤。经过电缆卷筒与支架后，电缆由电缆梯固定并拉下。

内梯与外梯用于管理和维修人员登上机舱，塔架内部有爬梯，如图 4-70 所示，带有安全导轨，以供工作人员上下使用，通过它可到达各连接法兰下方的平台及机舱，还可以选配助力器，使人员上下更加轻松。有些机组的内梯已采用电梯。外梯有直梯和螺旋梯两种，图 4-71 所示为外部走梯。

图 4-70　爬梯

图 4-71　外部走梯

3. 塔架的作用

（1）获得较高且稳定的风速，以便让风轮处于风能最佳的位置。

给风轮及主机（机舱）提供满足功能要求的、可靠的固定支撑（主要涉及风轮直径）。

（2）提供安装、维修等的工作平台。

二、陆上风电机组的基础

塔架的基础实际上就是整个风电机组的基础，是主要承载部件。风电机组的基础均为现浇钢筋混凝土独立结构，图 4-72 示为正在施工中的风电机组基础。

1. 基础的类型与结构　由于风电机组型号不同，自重不同，要求基础承载的载荷也各不相同。根据风电场场址工程地质条件和地基承载力以及基础载荷、尺寸大小的不同，从结构的形式看，常用的基础可分为厚板块状基础、桩基础和桁架式塔架基础三种。

（1）厚板块状基础　厚板块状基础也叫实体重力式基础，用在距地面不远处就有硬性土质的情况下，可以抵制倾覆力矩和机组重力偏心力。几种不同的厚板块状基础的结构形状如图 4-73 所示。

图 4-72　施工中的风电机组基础

① 平面板块基础：平面板块基础如图 4-73（a）所示，基础板块厚度一致，上表面与地面相平，当岩石床接近地表的情况下选择这种基础，主要的配筋分布在上表层和下表层，抵制基础弯曲，并且板块足够厚，不用使用抗剪钢筋。

② 平放基座基础：平放基座基础如图 4-73（b）所示，基础板块基础上面设置一个基

座，这种情况用在岩石床在地表下的深度比板块厚度大时，需要增加一个基座来抵制弯曲力矩和剪切负载，施加在基础上的重力增加，整个板块尺寸可以减小一些。

③ 嵌入式塔架和倾斜板块基础：嵌入式塔架和倾斜板块基础如图 4-73（c）所示，基础板块类似于图 4-73（b），不同的是塔架基底直接嵌入基础，块状基础表面成一定斜率变化。塔架基底接近基础表面处需要打孔，允许基础表面配筋通过，抵制剪切负载的配筋也必须经过塔架底部法兰。这种结构节省材料，但不利于安装。

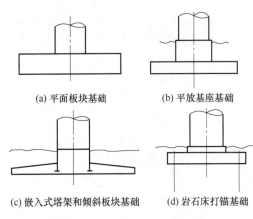

(a) 平面板块基础　　　　(b) 平放基座基础

(c) 嵌入式塔架和倾斜板块基础　　(d) 岩石床打锚基础

图 4-73　厚板块状基础

④ 岩石床打锚基础：岩石床打锚基础如图 4-73（d）所示，基础在岩石床打锚，这种情况也适用岩石床在地表下深度比较大的情况。相比于图 4-73（b），可以节省材料，免去上面的配重，承载力也很高，但岩石床打锚时，需要专用机械，所以也较少使用。

按照厚板块基础的剖面结构，又可将其分为凹形和凸形两种，如图 4-74 所示。凹形基础整个为方形实体钢筋混凝土；凸形基础的典型特点是扩展的底座盘上的回填土也成为基础重力的一部分。

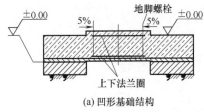

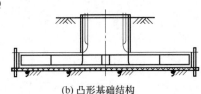

(a) 凹形基础结构　　　　　　(b) 凸形基础结构

图 4-74　凹形和凸形厚板块基础

（2）桩基础　在地质条件较差的地方，柱状的桩基础比平板块状基础能够更有效地利用材料。桩基础常用的三种结构形式如图 4-75 所示。

① 框架式桩基础：框架式桩基础如图 4-75（a）所示，是桩基群与平面板块梁帽的组合体，它是将几个甚至更多的圆柱形桩，利用一个平板块形桩帽把它们连接起来，桩帽上设计有与塔架连接的承台组成的基础。倾覆力矩由装在垂直和侧面的载荷两者抵消，侧面载荷由施加于每个桩的顶部力矩产生，所以要求钢筋必须在桩和桩帽之间提供充分连接的力矩。

② 混凝土实心单桩基础：混凝土实心单桩基础如图 4-75（b）所示，由一个大直径混凝土圆柱和其上面的与塔架连接的承台组成，桩孔利于水下打桩，适用于水平

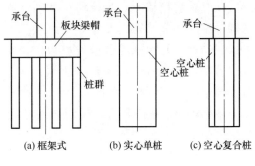

(a) 框架式　　(b) 实心单桩　　(c) 空心复合桩

图 4-75　桩基础

面很低，且开挖施工坑边缘不会塌方时采用，但混凝土消耗量大、成本高。

③ 空心复合桩基础：空心复合桩如图 4-75（c）所示，它比混凝土实心单桩基础节省材料，但施工难度大，适用条件与混凝土实心单桩基础相同。在土质比较疏松的地层情况，常选择多桩基础。

（3）桁架式基础　衍架式基础的特点是桩柱之间的跨距相对很大，并且还可以使它们使用各自独立的基础。一般在现场使用螺旋钻孔机钻孔后浇注混凝土桩，防止倾覆的作用力在桩上被简单地上提和下推，上提力和下推力被桩表面的摩擦力抵消。

2. 基础与塔架的连接方式

（1）地脚螺栓式连接　地脚螺栓式连接就是将塔架用螺母与尼龙弹性平垫固定在地脚螺栓上，地脚螺栓用混凝土事先浇注在基础的承台上。地脚螺栓形式又分为单排螺栓、双排螺栓、单排螺栓带上下法兰圈等。

（2）法兰筒式连接　法兰筒式连接就是塔架法兰与基础段法兰用螺栓对接，基础的法兰筒用混凝土浇筑在基础的承台上。

三、海上风电机组的基础

与陆上的风电机组相比，海上风电机组最大的差异是基础的不同。海上风电机组的基础远比陆上风电机组的基础复杂，成本也高得多。并且对整个风电机组的力学性能影响更大。海上风电机组的基础结构主要有以下几种。

（1）单桩基础　单桩基础现在已经在许多大型海上风电场中采用。这种基础由一根桩支撑上部结构，是海上风电场基础中最简单的一种基础形式。单桩基础由焊接钢管组成，基桩与塔架之间可以是焊接法兰连接，也可以是套管法兰连接。

随着水深的增大，基桩的长度会随之增大，这可能会导致基础的刚度和稳定性不满足要求，并且基桩的施工难度与经济成本也会随之提高，所以此结构适用于 $20\sim25m$ 的中浅水域。此方案的最大优点在于它的简易性、受力明确，利用打桩、钻孔或喷孔的方法将桩基安装在海底泥面以下一定的深度，通过调整片或护套来补偿打桩过程上的微小倾斜，以保证基础的平正。但是，它需要防止海流对海床的冲刷，而且不适用于海床内有巨石的位置。

单桩达指定地点后，将打桩锤安装在管状桩上打桩直到桩基进入要求的海床深度；另一种则是使用钻孔机在海床钻孔，装入桩后再用水泥浇注。该基础的弊端在于海床较为坚硬时，钻孔的成本较高。

（2）三脚架式基础　该基础也称为"三桩基础"，其结构如图 4-76 所示。此基础用三根中等直径的钢管桩定位于海底，埋置于海床下，三根桩成等边三角形均匀布设，桩顶通过钢套管支撑上部三脚桁架结构，构成组合式基础，三脚桁架为预制构件，承受上部塔架荷载，并将应力与力矩传递于三根钢桩。

基础自重较轻，不需要冲刷防护，整个结构坚固稳定。但其成本较高，移动性也不好。此方案适用于水深超过 $30m$ 的水域。

（3）导管架基础　导管架基础由导管架与桩两部分组成，如图 4-77 所示。导管架是一以钢管为骨棱的钢质锥台形空间框架，以预制钢构件。可以设计成三腿、四腿、三腿加中心桩、四腿加中心桩结构，一般由圆柱钢管构成。导管架与基桩一般在海床表面处连

图 4-76　三脚架固定式

接，通过导管架各个支角处的导管打入海床。

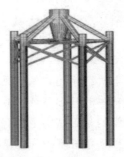

图 4-77　导管架基础

　　导管架式基础强度高，安装噪声较小，质量轻，适用于大型风力机，深海领域。但是造价昂贵，需要大量的钢材，受海浪影响，容易失效，安装的时候受天气影响较严重，该基础适用于 5～50m 范围内的水域，可避免海上浇筑混凝土，具有海上施工量小，安装速度快，造价低，质量易保证的特点。

图 4-78　重力式基础

　　（4）重力式基础　重力式基础，就是靠重力来追求风力机平衡稳定的基础。重力式基础主要依靠自身质量使风力机矗立在海面上。其结构简单，造价低且不受海床影响，稳定性好，且不需要打桩，但是需要进行海底准备，受环境冲刷影响大，仅适用于浅水区域，其结构如图 4-78 所示。

　　重力式基础可分为混凝土重力式和钢制重力式。其中混凝土重力式主要用于较浅的水域，它是靠体积庞大的混凝土块的重力来固定风力机的位置。这种方案使用方便，而且适用于各种海床土质。但是由于它质量大，搬运的费用较高。另一个缺点是海床必须被平整甚至加固。而钢制重力式基础与混凝土重力固定式一样，它也是靠自身重力固定风力机位置的，但钢制的质量较轻，从而使安装和运输更为简单。当把钢制基座固定之后，向其内部填充重矿石，以增加质量（一般为 1000t 左右）。虽然此方案也适用于所有海床土质，但其抗腐蚀性较差，需要长期保护。

（5）多桩式基础 多桩式基础又称"群桩式高桩承台基础"，如图 4-79 所示。应用于风电基础之前，是海岸码头和桥墩基础的常见结构，由基桩和上部承台组成。斜桩基桩呈圆周形布置，对结构受力和抵抗水平位移较为有利。但桩基相对较长，总体结构偏于厚重。适用水深 5～20m。因波浪对承台产生较大的顶推力作用，需对基桩与承台的连接采取加固措施。桩基直径小，对钢管桩的制作、运输、吊运要求较低。

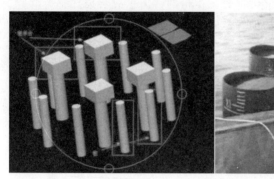

图 4-79 多桩式基础

（6）浮置式基础 浮置式基础适用于 50～100m 的水深，其成本较低，而且能够将海上风电场的范围扩展到深水区。但是，浮置式的基础相比较其他基础而言是不稳定的，必须有浮力支撑整个风电机组的质量，并在风力机可接受的摇晃的角度进行控制，除了风电机的有效载荷方面，设计浮置式基础还必须考虑当地海域波浪冲击、洋流等海域变化情况。此外，齿轮箱和发电机这些旋转机械长期工作在加速度较大的环境下，从而潜在地增大了风险并降低了使用寿命。

第六节 风电机组其他部件

一、避雷系统

风电机组相对周边建筑物高很多，雷电对风电机组的危害不可忽视。雷电感应和雷电波的侵入是造成电气设备、控制系统和通信系统损坏的主要原因之一，因此，风电机组的避雷系统应针对各种危害采取保护措施。

1. 叶片的防雷击系统

近年来，随着桨叶制造工艺的提高和大量新型复合材料的运用，雷击成为造成叶片损坏的主要原因。因此叶片的防雷保护至关重要。

雷击造成叶片损坏的机理是：一方面雷电击中叶片叶尖后，释放大量能量，使叶尖结构内部的温度急骤升高，引起气体高温膨胀，压力上升，造成叶尖结构爆裂破坏，严重时使整个叶片开裂；另一方面雷击造成的巨大声波，对叶片结构造成冲击破坏。实际使用情况表明，绝大多数的雷击点位于叶片叶尖的上翼面上。雷击对叶片造成的损坏取决于叶片的形式，与制造叶片的材料及叶片内部结构有关。如果将叶片与轮毂完全绝缘，不但不能降低叶片遭雷击的概率，反而会增加叶片的损坏程度，多数情况下被雷击的区域在叶尖背面（或称吸力面）。

据统计，遭受雷击的风电机组中，叶片损坏的占 20％左右。对于沿海高山或海岛上的风电场来说，地形复杂，雷暴日较多，应充分重视由雷击引起的叶片损坏现象。

作为风电机组中位置最高的部件，叶片是风电机组中最易受直接雷击的部件。同时叶片又是风电机组中最昂贵的部件之一。全世界每年大约有 1％～2％的风电机组叶片遭受雷击，大部分雷击事故只损坏叶片的叶尖部分，少量的雷击事故会损坏整个叶片。目前，采取的主要防雷击措施之一是在叶片的前缘从叶尖到叶根贴一长条金属窄条，将雷击电流经轮毂、机舱和塔架引入大地。另外，丹麦 LM 公司与丹麦研究机构、风电机组制造商和风电场共同研究设计出了新的防雷装置，它是用一装在叶片内部大梁上的电缆，将接闪器与叶片法兰盘连接。这套装置简单、可靠，与叶片具有相同的寿命。

玻璃钢防雷叶片如图 4-80 所示，叶片顶端铆装一个不锈钢叶尖，用铜丝网贴在叶片两面，将叶尖与叶根连为一个导电体。钢丝网一方面可将叶尖的雷电引至大地，另一方面可以防止雷击叶片主体。

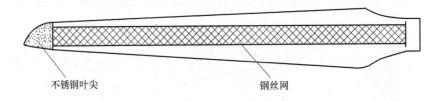

不锈钢叶尖　　　　　　　钢丝网

图 4-80　玻璃钢防雷叶片

多数情况下被雷击的区域在叶尖背面，装有接闪器捕捉雷电的叶片的叶尖结构如图4-81所示，接闪器通过叶片内腔导线将雷电引入大地，这种设计既简单又耐用。如果接闪器或传导系统附件需要更换，只需机械性地改换。

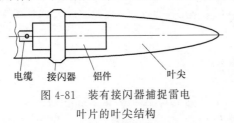

电缆　接闪器　铝件　　叶尖

图 4-81　装有接闪器捕捉雷电
叶片的叶尖结构

2. 机舱的防雷保护

现代大多数风力机的机舱罩是用金属板制成的，本身就有良好的防雷保护作用。机舱主机架除了与叶片相连，在机舱罩顶上后部设置一个（数目可多于一个）高于风速、风向仪的接闪杆，保护风速仪和风向仪免受雷击。机舱中的各零部件、传动系统齿轮箱和发电机等与钢架构成机舱接地的等电位体，经由接地线跨越偏航齿圈连接处，雷电流到达塔筒下引线接地。

机舱中的电气部分有避雷保护、各接地线汇聚于箱体接地母线排上。

3. 塔架的防雷保护

（1）钢制塔架　钢制部件之间的过渡段，采用并行路径方式设置三个彼此相间 120°的间隙作为雷电路径，连接处不允许雷击沿坚固的螺栓进行传导，塔基处在三个彼此相间 120°的位置上接到公共结点上。

（2）混凝土塔架　雷电通过塔架内的铜电缆在三个彼此相间120°的位置上被散流，塔基处连接到接地环和电极相连的电压公共结点上，且不允许雷击电流沿钢拉线进行传导。

（3）混合塔架　钢制连接适配法兰在附有不锈钢盘的法兰面上选择三个彼此相间120°的位置用螺栓固定，钢制适配器依次接于三个彼此相间120°的接地电缆，后者接于塔基的公共结点。

二、齿轮箱油润滑与冷却系统

风电机组齿轮箱的失效形式与设计和运行工况有关，但良好的润滑是保证齿轮箱可靠运行的必备条件，需要配备可靠的润滑油和润滑系统。可靠的润滑系统是齿轮箱的重要配置，风电机组齿轮箱通常采用强制润滑系统，可以实现传动构件的良好润滑。同时，为确保极端环境温度条件的润滑油性能，一般需要考虑设置相应的加热和冷却装置，如图4-82所示。

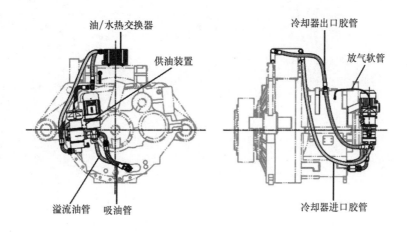

图 4-82　润滑与冷却系统

1. 润滑与冷却系统的作用

齿轮箱的润滑十分重要，良好的润滑能够对齿轮和轴承起到足够的保护作用。此外还具有如下性能。

（1）减小摩擦和磨损，具有高的承载能力，防止胶合。

（2）吸收冲击和振动。

（3）防止疲劳点蚀。

（4）冷却、防锈、抗腐蚀。

齿轮箱一般采用飞溅润滑＋加压润滑方式，此种方式可以起到更好的润滑作用。

2. 润滑与冷却系统的组成

齿轮箱的润滑与冷却系统主要包括泵单元、冷却单元、水泵装置及连接管路和单向阀。

（1）泵单元　这部分主要由电机、过滤器、安全阀、油泵等部分组成，用于提供润滑系统所需的压力和流量。过滤器内部有精滤和粗滤两级滤网。在滤网的两侧设有压差传感器，可以对滤网的状态进行监控。

（2）冷却单元　冷却单元主要是热交换器。当系统油温过高时，压力油被送到热交换器进行热量交换。

（3）水泵装置　水泵装置由水泵、电机、压力罐、压力继电器、铜热电阻、自动放气阀、充水阀、压力表等组成。水泵工作后，冷却水经油/水热交换装置、风冷却器装置组成冷却水循环回路。

第五章　风电机组的控制及安全保护

不同于常规发电厂,风电机组的原动力——风,具有不稳定性和随机性。目前单机和风电场容量在不断增加,电力系统对风电并网运行的要求也在不断提高。控制技术是风电机组安全可靠运行以及实现最佳运行的保证,风电机组所有的监视和控制功能都通过控制系统来实现,它们通过各种连接到控制模块的传感器来实现监视、控制和保护。

第一节　发电机类型与控制方式

在风电系统中,发电机是将风能转化为电能的关键装置。在并网发电的风电系统中,要求发电机的输出频率与电网的频率保持一致。随着风电系统控制技术的成熟和电力电子技术的发展,风电机组从定桨恒速运行发展到变速恒频运行方式,能够更加理想地向电网提供电能,这就需要不同类型的风电机与励磁变换器的配合来完成。如果按照发电机的转子速度划分,风电机可分为恒速、有限变速和变速三类;变速风电机按励磁变换器的功率划分又可分为全功率和非全功率变换器系统;另外,从系统的传动部件考虑,又可以分为齿轮箱传动和直驱型两类。

风电系统常用的发电机有以下几种。

① 笼型感应发电机;
② 绕线转子异步发电机;
③ 双馈发电机;
④ 永磁同步发电机。

第二节　笼型感应发电机

笼型感应发电机常用于定桨恒速风电机组,采用全功率变流器,可用于变速风电机组。该发电机具有结构简单、价格低廉、可靠性高等优点。

一、笼型感应发电机的工作原理和基本结构

笼型感应发电机由定子和转子两部分构成,定子、转子之间有很小的气隙。定子的三相绕组分布在一个圆周上,每相绕组匝数相等,彼此相差120°电角度。当定子的三相绕组中通入对称三相交流电流时,则可以产生一个定子旋转磁场。如图 5-1 所示,如果定子三相电流产生的旋转磁场,以同步转速 n_1 旋转,则转子导条切割磁力线产生感应电动势 e,感应电动势在转子绕组中产生感应电流 i,在感应电流和磁场共同作用下,导条在磁场中受到电磁力 f,继而产生电磁转矩 T,电磁转矩和转子转向相反,对于原动机(风机)来说是阻转矩。如果转子在原动机的带动下,以高于同步转速 n_1 的转速向同步转速方向旋

转，则笼型感应发电机工作在发电模式下，将机械能转化为电能。

图 5-2 为笼型感应发电机内部结构图，笼型感应发电机的定子由定子铁心、定子绕组和机座、端盖等部分组成，转子由转子铁心、转子绕组和转轴组成。冷却风扇与发电机转子同轴，安装在非驱动端侧。

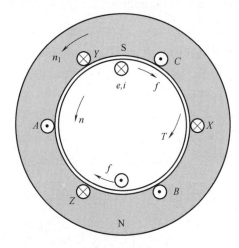

图 5-1　笼型感应发电机的工作原理

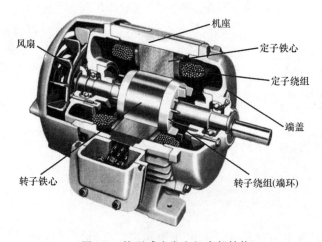

图 5-2　笼型感应发电机内部结构

二、笼型异步变速恒频风电系统

笼型异步发电机变速恒频风电系统采用的发电机为鼠笼式转子，其变速恒频控制策略是在定子电路实现的。采用全功率双 PWM 变换器并网运行的笼型感应风电系统的结构如图 5-3 所示，该系统通常需要多级增速齿轮箱，发电机的定子绕组通过双 PWM 变换器与电网相连，可见其变速恒频运行的控制策略均在定子电路中实现。由于风速是不断变化的，导致风力机以及发电机的转速也是变化的，所以，实际上笼型风电机发出电的频率是变化的，即为变频的，通过定子绕组与电网之间的双 PWM 变换器把频率变化的电能转化为与电网频率相同的恒频电能，实现并网运行。

图 5-3　笼型感应风电系统结构

由图 5-3 可见，变频器在定子侧，所以变频器的容量需要与发电机的容量相同，使得整个系统的成本、体积和质量显著增加，尤其对于大容量的风电系统。另外，采用异步发电机的另一个缺点是需要从电网吸收滞后的无功励磁功率，导致电网功率因数变坏，因此要附加额外的无功补偿装置，同时电压和功率因数控制也比较难。

三、笼型感应发电机的矢量控制

为了实现交流电机的高性能控制，1971 年德国的 F. Blaschke 提出了矢量控制理论。矢量控制的基本思想是：感应发电机在三相坐标系下的数学模型变换到同步旋转坐标系下，得到和直流电机相似的控制量，将交流电机等效为直流电机进行控制，然后经过坐标逆变换，变换回交流电机相应的控制量，得到和控制直流电机一样好的效果。

异步电机的数学模型是一个高阶、非线性、强耦合的多变量系统，为了简化模型，做如下假设。

① 忽略空间谐波，三相绕组对称，产生的磁动势沿气隙按正弦规律分布；

② 假定励磁电感保持恒定，忽略磁通饱和效应；

③ 忽略铁心损耗；

④ 忽略绕组电阻随温度的变化。

则笼型感应发电机数学模型由以下的电压、磁链和转矩方程组成。三相静止坐标系下的数学模型介绍如下。

电压方程

$$
\begin{bmatrix} u_A \\ u_B \\ u_C \\ u_a \\ u_b \\ u_c \end{bmatrix} = \begin{bmatrix} R_s & 0 & 0 & 0 & 0 & 0 \\ 0 & R_s & 0 & 0 & 0 & 0 \\ 0 & 0 & R_s & 0 & 0 & 0 \\ 0 & 0 & 0 & R_r & 0 & 0 \\ 0 & 0 & 0 & 0 & R_r & 0 \\ 0 & 0 & 0 & 0 & 0 & R_r \end{bmatrix} \begin{bmatrix} i_A \\ i_B \\ i_C \\ i_a \\ i_b \\ i_c \end{bmatrix} + \frac{\mathrm{d}}{\mathrm{d}t} \begin{bmatrix} \psi_A \\ \psi_B \\ \psi_C \\ \psi_a \\ \psi_b \\ \psi_c \end{bmatrix}
\tag{5-1}
$$

式中　　　　u_A，u_B，u_C——定子相电压；

i_A，i_B，i_C，i_a，i_b，i_c——定子和转子相电流；

ψ_A，ψ_B，ψ_C，ψ_a，ψ_b，ψ_c——各相绕组的全磁链；

R_s，R_r——定子和转子绕组电阻，由于笼型感应发电机转子绕组短接，所以 $u_a = u_b = u_c = 0$。

磁链方程为

$$
\begin{bmatrix} \psi_s \\ \psi_r \end{bmatrix} = \begin{bmatrix} L_{ss} & L_{sr} \\ L_{rs} & L_{rr} \end{bmatrix} \begin{bmatrix} i_s \\ i_r \end{bmatrix}
\tag{5-2}
$$

式中　$\psi_s = [\psi_A\ \psi_B\ \psi_C]^T$；

　　　　$\psi_r = [\psi_a\ \psi_b\ \psi_c]^T$；

　　　　$i_r = [i_a\ i_b\ i_c]^T$；　$i_s = [i_A\ i_B\ i_C]^T$；

$$L_{ss} = \begin{bmatrix} L_{m1}+L_{l1} & -L_{m1}/2 & -L_{m1}/2 \\ -L_{m1}/2 & L_{m1}+L_{l1} & -L_{m1}/2 \\ -L_{m1}/2 & -L_{m1}/2 & L_{m1}+L_{l1} \end{bmatrix};$$

$$L_{rr} = \begin{bmatrix} L_{m2}+L_{l2} & -L_{m2}/2 & -L_{m2}/2 \\ -L_{m2}/2 & L_{m2}+L_{l2} & -L_{m2}/2 \\ -L_{m2}/2 & -L_{m2}/2 & L_{m2}+L_{l2} \end{bmatrix};$$

$$L_{rs} = L_{sr}^T = L_{m1}\begin{bmatrix} \cos\theta & \cos(\theta-120°) & \cos(\theta+120°) \\ \cos(\theta+120°) & \cos\theta & \cos(\theta-120°) \\ \cos(\theta-120°) & \cos(\theta+120°) & \cos\theta \end{bmatrix};$$

L_{m1}——与定子绕组交链的最大互感磁通对应电感；

L_{m2}——与转子绕组交链的最大互感磁通对应电感；

L_{l1}——定子漏感；

L_{l2}——转子漏感；

θ——转子位置角。

转矩方程为

$$T_e = \frac{1}{2}n_p\left[i_s^T\frac{\partial L_{rs}}{\partial\theta}i_s + i_r^T\frac{\partial L_{sr}}{\partial\theta}i_r\right] \tag{5-3}$$

式中　n_p——极对数。

可以看出，发电机在三相静止坐标系下的数学模型相当复杂，为易于求解和分析，通常通过坐标变换使之简化。笼型感应发电机在 dq 旋转坐标系下的数学模型如式（5-4）～式（5-6）所示。

电压方程

$$\begin{bmatrix} u_{ds} \\ u_{qs} \\ 0 \\ 0 \end{bmatrix} = \begin{bmatrix} R_s+L_sp & -\omega_1 L_s & L_mp & -\omega_1 L_m \\ \omega_1 L_s & R_s+L_sp & \omega_1 L_m & L_mp \\ L_mp & 0 & R_r+L_rp & 0 \\ \omega_s L_m & 0 & \omega_s L_r & R_r \end{bmatrix}\begin{bmatrix} i_{ds} \\ i_{qs} \\ i_{dr} \\ i_{qr} \end{bmatrix} \tag{5-4}$$

式中　L_m——定转子互感；

　　　　L_s——定子自感；

　　　　L_r——转子自感；

　　　　ω_s——转差；

　　　　ω_1——同步角速度。

磁链方程为

$$\psi_2 = \frac{L_m}{(L_r/R_r)p+1}i_{ds} \tag{5-5}$$

转矩方程为

$$T_e = n_p\frac{L_m}{L_r}i_{qs}\psi_2 \tag{5-6}$$

可见，笼型感应电机在旋转坐标系下的数学模型多了一个输入量 ω_1，提高了系统控制的自由度；常用的磁场定向矢量控制策略就是通过选择 ω_1 来实现的。

第三节　绕线转子异步发电机及其控制

有限变速的全桨变距风电机组采用的发电机为绕线转子异步发电机。图 5-4 为异步发电机等效电路，当图中 I_s 为输出方向时，发电机运行于发电模式。由电机学可知，发电机的电磁转矩为

$$\begin{cases} T_e = \dfrac{pm}{2\pi f_1} \dfrac{U_s^2 \dfrac{R_r}{s}}{\left(R_s + \sigma \dfrac{R_r}{s}\right)^2 + (X_s + \sigma X_r)^2} \\ \sigma = 1 + \dfrac{Z_s}{Z_m} \approx 1 + \dfrac{X_s}{X_m} \end{cases} \tag{5-7}$$

式中　m——相数；

　　　p——极对数；

　　　f_1——电网频率；

　　　s——转差率。

为了优化输出功率，最新设计的变桨距风电机组都采用了转子电流控制技术，这样能够在一定范围内改变风轮转速，主要用于吸收由于瞬变风速引起的功率波动。转子电流控制与变桨距控制分别作用于风速中的高频和低频分量，可以使输出功率达到稳定状态，同时避免频繁变桨。

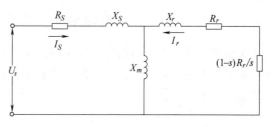

图 5-4　异步发电机等效电路

发电机转子电流控制系统如图 5-5 所示。转子电流控制器由快速数字 PI 控制器和一个等效变阻器构成。它根据给定电流值，通过集电环/电刷结构在外部以电力电子器件调节转子电阻，控制发电机转子电流，改变发电机转差率。在额定功率时，发电机转差率调节范围为 $1\% \sim 10\%$（4 极发电机转速 $1515 \sim 1650\text{r/min}$），对应的转子平均电阻从 $0\% \sim 100\%$ 变化。由式（5-7）可知，只要维持 R_r/s 的数值不变，就能维持电磁转矩保持不变，从而保持发电机输出功率不变。因此，当风速增大，风轮及发电机转速上升，发电机转差率增大，只要改变转子电阻 R_r，使 R_r/s 保持不变，就能维持发电机输出功率保持不变，从而实现了风速在额定风速以上变化时，发电机输出功率保持不变的目的。

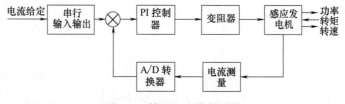

图 5-5　转子电流控制系统

转子电流控制器技术必须使用在绕线转子感应发电机上，用于控制发电机转子的电流，使感应发电机成为可变转差率发电机。采用转子电流控制器的感应发电机结构如图5-6所示。

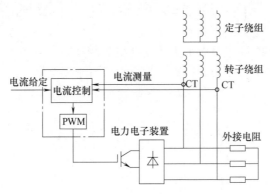

图 5-6　可变转差率发电机结构

第四节　双馈发电机

一、交流励磁双馈发电机变速恒频系统

变速恒频风电机组目前广泛采用的是交流励磁变速恒频技术，机组采用双馈异步发电机，发电机的定子直接连接到电网，而转子通过一个功率变换器与电网相连，转子绕组的励磁电流频率、幅值、相位都是可调的，变换器通过控制转子侧电流来控制发电机运行。双馈发电机与常见的异步机类似，但是其转子是绕线式结构，可以单独进行励磁，通过励磁变换器，转子侧也可以同定子侧一样具有向电网馈电的能力，"双馈"的含义因此而得。双馈发电机的转速可以在同步转速的±30%之间变化，调速范围较宽，能够显著地提高机组在额定风速以下的风能利用率。由于双馈发电机转子侧变流器是部分功率变流器，它的容量为系统的转差功率，占发电机容量的30%左右，降低了系统的成本。

变速恒频的机理可用图 5-7 来说明，f_1、f_2 分别为双馈发电机定子、转子电流的频率，n_1 为定子磁场的转速，即同步转速，n_2 为转子磁场相对于转子的转速，n_r 为转子的转速。双馈发电机在一般状态下是异步运行的，异步发电机中定子、转子电流产生的旋转磁场始终是相对静止的，则有

$$n_1 = n_2 + n_r$$

因 $f_1 = n_1/60$，$f_2 = n_2/60$，故有

$$f_1 = \frac{n_r p}{60} + f_2 \tag{5-8}$$

由式（5-8）可知，当发电机转速 n_r 变化时，可通过调节转子励磁电流频率 f_2 来维持定子输出电能 f_1 恒定，这就是变速恒频运行的机理。

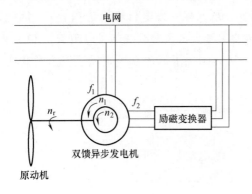

图 5-7　双馈发电机变速恒频运行原理

根据转子转速的不同，双馈异步发电机有三种运行状态。

① 亚同步运行状态：在此种状态下 $n_r < n_1$，转差率 $s > 0$，由转差频率为 f_2 的电流产生的旋转磁场转速 n_2 与转子的转速方向相同，此时需要向转子绕组馈入电功率。

② 超同步运行状态：在此种状态下 $n_r > n_1$，转差率 $s < 0$，转子中的电流相序发生了改变，则其所产生的旋转磁场转速 n_2 与转子转速方向相反，定子、转子同时发电。

③ 同步运行状态：在此种状态下 $n_r = n_1$，转差频率 $f_2 = 0$，这表明此时通入转子绕组的电流为直流，与同步发电机一样。

二、双馈发电机的矢量控制技术

双馈发电机的励磁可调量有：励磁电流的频率、幅值和相位。可以通过接在转子侧的变流器来调节励磁电流的频率，保证在变速运行情况下定子侧电压频率恒定。也可以通过改变励磁电流的幅值和相位，调节输出的有功功率和无功功率。当转子电流相位改变时，由转子电流产生的转子旋转磁场位置就有了一个空间位移，这就使得双馈发电机定子感应电动势矢量相对于电网电压矢量的位置也发生了变化，即功率角发生了改变，使有功功率和无功功率可以调节。利用矢量变换控制技术，综合改变双馈发电机转子励磁电流的相位和幅值，可以实现双馈发电机输出有功功率和无功功率的解耦控制。

1. 双馈发电机的数学模型

（1）三相坐标系下的数学模型　在建立双馈电机模型时，为便于分析，适当简化模型，假设三相定转子绕组空间分布对称，气隙磁场在空间为正弦分布，不考虑磁饱和，忽略磁滞和涡流损耗，不考虑温度和频率变化对电机参数的影响。

将双馈异步电机三相转子绕组折算到定子侧，折算后的定子和转子绕组匝数都相等。这样，电机绕组就等效成图 5-8 所示的三相异步电动机的物理模型。

定子三相绕组轴线 A、B、C 在空间是固定的，以 A 轴为参考坐标轴；转子绕组轴线 a、b、c 随转子旋转，转子 a 轴和定子 A 轴间的电角度 θ 为空间角位移变量。分析双馈电机的数学模型时，定子侧采用发电机惯例，定子电流流出为正。转子侧采用电动机惯例，转子电流流入为正。在三相静止坐标系下有如下关系。

电压方程

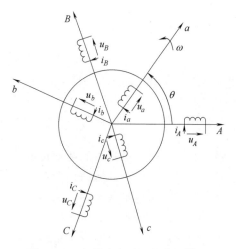

图 5-8　三相异步电动机的物理模型

$$
\begin{bmatrix} u_A \\ u_B \\ u_C \\ u_a \\ u_b \\ u_c \end{bmatrix} = \begin{bmatrix} R_s & 0 & 0 & 0 & 0 & 0 \\ 0 & R_s & 0 & 0 & 0 & 0 \\ 0 & 0 & R_s & 0 & 0 & 0 \\ 0 & 0 & 0 & R_r & 0 & 0 \\ 0 & 0 & 0 & 0 & R_r & 0 \\ 0 & 0 & 0 & 0 & 0 & R_r \end{bmatrix} \begin{bmatrix} -i_A \\ -i_B \\ -i_C \\ i_a \\ i_b \\ i_c \end{bmatrix} + \frac{\mathrm{d}}{\mathrm{d}t} \begin{bmatrix} \psi_A \\ \psi_B \\ \psi_C \\ \psi_a \\ \psi_b \\ \psi_c \end{bmatrix}
$$

(5-9)

式中　u_A，u_B，u_C，u_a，u_b，u_c——定子、转子相电压；

$\quad\quad i_A$，i_B，i_C，i_a，i_b，i_c——定子、转子相电流；

ψ_A，ψ_B，ψ_C，ψ_a，ψ_b，ψ_c——各相绕组的磁链；

R_s，R_r——定子、转子绕组电阻。

磁链方程

$$\begin{bmatrix} \psi_s \\ \psi_r \end{bmatrix} = \begin{bmatrix} L_{ss} & L_{sr} \\ L_{rs} & L_{rr} \end{bmatrix} \begin{bmatrix} i_s \\ i_r \end{bmatrix} \tag{5-10}$$

式中　$\psi_s = [\psi_A \ \psi_B \ \psi_C]^T$；

　　　$\psi_r = [\psi_a \ \psi_b \ \psi_c]^T$；

　　　$i_r = [i_a \ i_b \ i_c]^T$；

　　　$i_s = -[i_A \ i_B \ i_C]^T$；

$$L_{ss} = \begin{bmatrix} L_{m1}+L_{l1} & -L_{m1}/2 & -L_{m1}/2 \\ -L_{m1}/2 & L_{m1}+L_{l1} & -L_{m1}/2 \\ -L_{m1}/2 & -L_{m1}/2 & L_{m1}+L_{l1} \end{bmatrix};$$

$$L_{rr} = \begin{bmatrix} L_{m2}+L_{l2} & -L_{m2}/2 & -L_{m2}/2 \\ -L_{m2}/2 & L_{m2}+L_{l2} & -L_{m2}/2 \\ -L_{m2}/2 & -L_{m2}/2 & L_{m2}+L_{l2} \end{bmatrix};$$

$$L_{rs} = L_{sr}^T = L_{m1} \begin{bmatrix} \cos\theta & \cos(\theta-120°) & \cos(\theta+120°) \\ \cos(\theta+120°) & \cos\theta & \cos(\theta-120°) \\ \cos(\theta-120°) & \cos(\theta+120°) & \cos\theta \end{bmatrix};$$

L_{m1}——与定子绕组交链的最大互感磁通对应电感；

L_{m2}——与转子绕组交链的最大互感磁通对应电感；

L_{l1}——定子漏感；

L_{l2}——转子漏感；

θ——转子位置角。

转矩方程为

$$T_e = \frac{1}{2} n_p \left[i_r^T \frac{\partial L_{rs}}{\partial \theta} i_s + i_s^T \frac{\partial L_{sr}}{\partial \theta} i_r \right] \tag{5-11}$$

式中　n_p——极对数。

运动方程

$$T_l - T_e = \frac{J_g}{n_p} \frac{d\omega_m}{dt} + \frac{D_g}{n_p} \omega_r + \frac{K_g}{n_p} \theta_r \tag{5-12}$$

式中　T_l——风力机提供的拖动转矩；

　　　J_g——发电机的转动惯量；

　　　D_g——阻尼系数；

　　　K_g——扭转弹性转矩系数。

由以上双馈发电机在三相坐标系下的数学模型，可看出具有非线性、时变性、强耦合的特点，为进一步分析和求解，可以通过坐标变换的方法来简化模型。

（2）同步旋转坐标系下的数学模型　坐标变换的思想是将一个三相静止坐标系里的矢量，通过变换用两相静止坐标系或两相旋转坐标系里的矢量表示，在变换时可采取功率不变或幅值不变的原则。

空间坐标变换关系示意如图 5-9 所示，采用幅值不变的原则，由三相静止 abc 坐标系

变换到两相静止 $\alpha\beta$ 坐标系采用的变换矩阵为，逆变换为 $T_{3s/2s}^{-1}$。

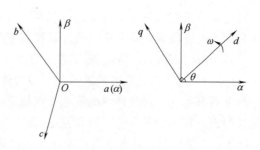

$$T_{3s/2s}=\frac{2}{3}\begin{bmatrix}1 & -\dfrac{1}{2} & -\dfrac{1}{2}\\[2mm] 0 & \dfrac{\sqrt{3}}{2} & -\dfrac{\sqrt{3}}{2}\end{bmatrix}=T_{2s/3s}^{-1} \quad (5\text{-}13)$$

两相静止 $\alpha\beta$ 坐标系变换到两相旋转 dq 坐标系（角速度为 ω）采用的变换矩阵为，同理，逆变换为 $T_{2s/2r}^{-1}$。

图 5-9　坐标变换关系示意

$$T_{2s/2r}=\begin{bmatrix}\cos\omega t & \sin\omega t\\ -\sin\omega t & \cos\omega t\end{bmatrix}=T_{2s/2r}^{-1} \quad (5\text{-}14)$$

根据以上变换关系可以得到三相静止坐标系到两相旋转坐标系下的变换矩阵

$$T_{3s/2r}=\frac{2}{3}\begin{bmatrix}\cos\omega t & \cos(\omega t-120°) & \cos(\omega t+120°)\\ -\sin\omega t & -\sin(\omega t-120°) & -\sin(\omega t+120°)\end{bmatrix} \quad (5\text{-}15)$$

利用上述坐标变换关系，最终可以得到双馈电机在 dq 同步旋转坐标系下的数学模型：

$$\begin{cases}u_{ds}=-R_s i_{ds}+p\psi_{ds}-\psi_{qs}\omega_1\\ u_{qs}=-R_s i_{qs}+p\psi_{qs}+\psi_{ds}\omega_1\\ u_{dr}=R_r i_{dr}+p\psi_{dr}-\psi_{qr}\omega_s\\ u_{qr}=R_r i_{qr}+p\psi_{qr}+\psi_{dr}\omega_s\end{cases} \quad (5\text{-}16)$$

式中　ω_1——同步角速度；

$\omega_s=\omega_1-\omega_r$；

ω_r——转子角速度。

同理，可以得到 dq 坐标系下的磁链方程：

$$\begin{cases}\psi_{ds}=-L_s i_{ds}+L_m i_{dr}\\ \psi_{qs}=-L_s i_{qs}+L_m i_{qr}\\ \psi_{dr}=L_r i_{dr}-L_m i_{ds}\\ \psi_{qr}=L_r i_{qr}-L_m i_{qs}\end{cases} \quad (5\text{-}17)$$

式中　$L_m=\dfrac{3}{2}L_{ms}$，为 dq 坐标系下等效定转子绕组间互感；

$L_s=L_{ls}+\dfrac{3}{2}L_{ms}$，为 dq 坐标系下等效定子每相绕组自感；

$L_r=L_{lr}+\dfrac{3}{2}L_{mr}$，为 dq 坐标系下等效转子每相绕组自感。

转矩方程

$$T_e=1.5n_pL_m(i_{qs}i_{dr}-i_{ds}i_{qr}) \quad (5\text{-}18)$$

两相同步 dq 旋转坐标系下，双馈电机定子上的有功功率 P_s 和无功功率 Q_s 表达式为

$$\begin{cases}P_s=1.5(u_{ds}i_{ds}+u_{qs}i_{qs})\\ Q_s=1.5(u_{qs}i_{ds}-u_{ds}i_{qs})\end{cases} \quad (5\text{-}19)$$

2. 定子磁场定向矢量控制

由上节内容可见，通过坐标变换，双馈感应发电机的数学模型得到了很大简化。在变速恒频双馈风电系统双馈感应发电机的矢量控制中，可选取的定向矢量较多，其中最常用

的有定子电压定向和定子磁链定向的矢量控制。本节介绍基于定子磁链定向的矢量控制。本节讨论的双馈感应发电机励磁矢量控制策略是基于电网对称系统条件下的控制策略。

定子磁链定向时，将 ψ_s 定义在同步坐标的 d 轴上，则 dq 轴上的磁链分量为：$\psi_{ds} = \psi_s$，$\psi_{qs} = 0$。由于双馈发电机定子绕组直接连在无穷大电网上，可近似地认为定子的电压、频率都是恒定的，在这种情况下通常电机定子电阻 R_s 可以忽略不计，因此双馈发电机感应电动势近似等于定子电压。因为发电机端电压矢量 u_s 滞后磁链矢量 $90°$，故定子电压矢量 u_s 位于 q 轴负方向，且等于电网电压矢量。则有 $u_{ds} = 0$，$u_{qs} = -u_s$。故双馈电机定子上的有功功率 P_s 和无功功率 Q_s 表达式变为

$$\begin{cases} P_s = -1.5u_s i_{qs} \\ Q_s = -1.5u_s i_{ds} \end{cases} \tag{5-20}$$

由式（5-20）可知，在定子磁链定向下，双馈发电机定子输出有功功率 P_s 和无功功率 Q_s 分别与定子电流在 d、q 轴上的分量 i_{ds} 和 i_{qs} 成正比调节，这两个电流分量可分别独立调节有功功率和无功功率。

由 dq 定子磁链方程可得

$$\begin{cases} \psi_s = -L_s i_{ds} + L_m i_{dr} \\ 0 = -L_s i_{qs} + L_m i_{qr} \end{cases} \tag{5-21}$$

由式（5-21）可得出定子电流与转子电流的关系如下

$$\begin{cases} i_{dr} = \dfrac{\psi_s + L_s i_{ds}}{L_m} \\ i_{qr} = \dfrac{L_s}{L_m} i_{qs} \end{cases} \tag{5-22}$$

根据式（5-22）和转子电压方程、转子侧磁链方程，有

$$\begin{cases} \psi_{dr} = a_1 \psi_s + a_2 i_{dr} \\ \psi_{qr} = a_2 i_{qr} \end{cases} \tag{5-23}$$

其中，$a_1 = L_m/L_s$，$a_2 = L_r - L_m^2/L_s$

定子磁场定向后，定子电压方程变为

$$\begin{cases} p\psi_{ds} = 0 \\ \psi_{ds} = -\dfrac{u_s}{\omega_1} \end{cases} \tag{5-24}$$

将式（5-23）代入转子电压方程，可得

$$\begin{cases} u_{dr} = u'_{dr} + \Delta u_{dr} \\ u_{qr} = u'_{qr} + \Delta u_{qr} \end{cases} \tag{5-25}$$

其中

$$\begin{cases} u'_{dr} = (R_r + a_2 p) i_{dr} \\ u'_{qr} = (R_r + a_2 p) i_{qr} \end{cases} \tag{5-26}$$

$$\begin{cases} \Delta u_{qr} = (a_1 \psi_s + a_2 i_{dr}) \omega_s \\ \Delta u_{dr} = -a_2 i_{qr} \omega_s \end{cases} \tag{5-27}$$

由式（5-22）可以看出，通过调节 q 轴转子电流，即可控制定子有功功率，而通过调节 d 轴的转子电流，即可控制定子的无功功率。通过定子磁场定向，将转子电压分解为解耦项 u'_{dr} 和 u'_{qr}，补偿项 Δu_{qr} 和 Δu_{dr}，从而实现了有功功率和无功功率的独立控制。由变流器的 d、q 轴给定电流可得到 d、q 轴的给定电压，进而通过两相旋转坐标系到三相静止坐标系的变换，可得到发电机转子三相电压的给定值，从而生成变流器的 PWM 指令，实现

对双馈发电机的控制。

控制系统框图如图 5-10 所示。整个控制系统采用双闭环结构，外环为功率环，内环为电流环。在功率环中，有功指令 P^* 按照最大风能获取原则给出，无功指令 Q^* 根据电网需求设定；功率实际值由发电机输出电压、电流和坐标变换后求得。P、Q 给定值与实际值比较，经功率 PI 调节器运算，分别输出发电机定子电流有功分量和无功分量参考指令 i_{qs}^* 和 i_{ds}^*，根据 i_{qs}^* 和 i_{ds}^* 计算得到转子电流的有功分量和无功分量参考指令 i_{qr}^* 和 i_{dr}^*，i_{qr}^*、i_{dr}^* 和转子电流实际值 i_{qr}、i_{dr} 比较后的差值送入 PI 控制器，输出电压解耦项 u_{qr}'、u_{dr}'，u_{qr}'、u_{dr}' 加上电压补偿分量 Δu_{qr}、Δu_{dr} 就可获得转子电压指令值 u_{qr}^*、u_{dr}^*，经坐标变换最终可得出励磁电源三相电压控制指令 u_{ar}^*、u_{br}^*、u_{cr}^*。通过 PWM 调制输出驱动脉冲，控制变流器通断，实现转子侧励磁电压的控制。控制系统中参考功率的给定值是通过发电机的转速功率输出曲线，给定不同风速、发电机转速下的功率值，额定风速以下按照最大功率跟踪原则运行，额定风速以上，以限制功率输出方式运行。坐标变换所需的定子磁链空间位置 θ_s、转子位置角 θ_r 通过定子磁链观测器和转子同轴光电编码器测得。

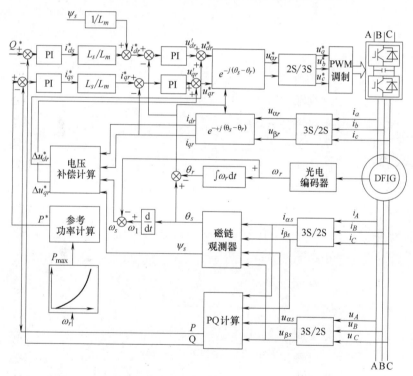

图 5-10　交流励磁变速恒频发电机定子磁链定向矢量控制框图

第五节　永磁同步发电机

一、永磁同步发电机的工作原理

永磁同步发电机（PMSG）由定子和转子两部分组成，定子、转子之间有气隙。永磁同步发电机的定子与普通交流电机相同，由定子铁心和定子绕组组成，转子采用永磁材料励磁。

当风轮带动发电机转子旋转时，转子以同步转速旋转，转子上永磁体产生的磁场也以同步转速旋转，它切割定子绕组，在定子绕组中产生感应电动势，由此产生交流输出。定子旋转磁势也以同步转速旋转，从而使气隙磁场的大小和位置发生变化，则感应电动势发生变化，外电压也就随之变化。

二、直驱型永磁风电机组

直驱式并网运行风电系统采用了低速多极交流永磁发电机，同步转速较低，因此在风力机与交流发电机之间不需要安装升速齿轮箱，轴向尺寸较小，径向尺寸较大。在永磁同步发电机中，永磁体能产生发电所需的磁场，集电环和电刷装置可以省去，使得发电机结构更加简单，运行更加可靠。

直驱型风电系统主要包含风力机、永磁同步发电机、电力电子变流系统、控制系统等。直驱型风电机组的变换器拓扑结构主要有两种方案，其结构如图 5-11 所示。其中，与发电机侧相连的变换器称为机侧变换器，与电网侧相连的变换器称为网侧变换器。

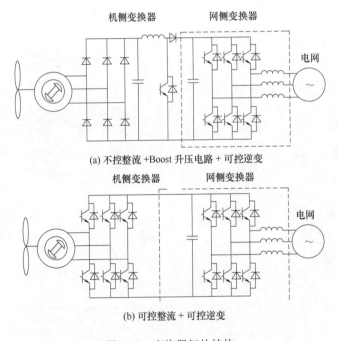

(a) 不控整流 +Boost 升压电路 + 可控逆变

(b) 可控整流 + 可控逆变

图 5-11　变换器拓扑结构

第一种为图 5-11（a）所示的不控整流＋Boost 升压电路＋可控逆变的方案。将永磁发电机发出的频率、幅值变化的交流电经过整流之后变为直流电，为消除直流侧电压变化对并网性能的影响，在直流侧增加一个 Boost 升压变换器，当风机转速降低时，通过 Boost 变换器的升压功能，保持直流电压的稳定，三相逆变器将直流电逆变为三相恒频恒幅交流电连接到电网。逆变器的调制比可以不受风机转速的影响。该方式下，整流侧由大功率二极管构成，只控制直流升压部分和交流逆变部分，成本较低，控制简单，发电机定子绕组无需承受高的 du/dt 与电压峰值。但发电机转矩容易产生振荡，且续流电感和滤波电容的容量很大，直流环节谐波较大，逆变后会对交流电网产生影响。

第二种方案如图 5-11 （b）所示，系统采用了背靠背双 PWM 变换器结构，发电机定子通过背靠背变换器和电网连接。这种拓扑结构的通用性较强，两侧变换器主电路完全一样，都可以采用矢量控制技术，控制方法灵活。可控整流方式可以控制发电机的转矩，同时减小整流输出电压的纹波，提高系统的运行特性，减小了滤波电容的容量，但由于整流及逆变均采用可控变换器，造价相对第一种方案较高，控制电路也相对复杂。

三、永磁同步发电机的控制

永磁同步发电机的控制主要是通过发电机侧变流器的控制来实现的，通过控制变流器开关管的导通与关断来控制永磁同步发电机产生的电压，从而改变永磁同步发电机的电磁转矩，达到控制风力机转速的目的，实现最大功率输出。在发电机的转速控制方面，以双 PWM 变换器结构为例，目前常用的控制策略有矢量控制和直接转矩控制两类。

矢量控制是通过测量和控制电机定子电流矢量，根据磁场定向原理，在同步旋转坐标系下分别对电机的励磁电流和转矩电流进行控制，从而通过控制电机的电磁转矩达到控制转速的目的。例如，零 d 轴电流（ZDC）控制就属于矢量控制的方法。图 5-12 为采用零 d 轴电流控制的结构图。

所谓 ZDC 控制，是将永磁同步发电机在三相静止坐标系下的数学模型，通过坐标变换，变换到 dq 旋转坐标系下的数学模型 [式（5-28）]，令 d 轴电流 $i_d=0$。零 d 轴电流控制是一种最简单的矢量控制方法，同时使用该方法不会引起磁反应，并且永磁同步发电机不会出现退磁现象影响发电机的性能。

永磁同步发电机在 dq 旋转坐标系下的数学模型为

$$\begin{cases} u_d = R_s i_d + L_d \dfrac{\mathrm{d}i_d}{\mathrm{d}t} - \omega_e L_q i_q \\ u_q = R_s i_q + L_q \dfrac{\mathrm{d}i_q}{\mathrm{d}t} + \omega_e L_d i_d + \omega_e \psi_f \end{cases} \tag{5-28}$$

式中　R_s——定子等效电阻；

ω_e——转子旋转的电角速度。

那么，稳态条件下的电压方程为

$$\begin{cases} u_d = R_s i_d - \omega_e L_q i_q \\ u_q = R_s i_q + \omega_e L_d i_d + \omega_e \psi_f \end{cases} \tag{5-29}$$

当 $i_d=0$ 时，永磁同步发电机在 dq 旋转坐标系下的电磁转矩方程可表示为

$$T_e = \frac{3}{2} N_p \psi_f i_q \tag{5-30}$$

式中　N_p——电机极对数。

从式（5-30）可以看出，在该控制方式下，当转子磁体磁链恒定时，T_e 与 i_q 成正比，因此可通过控制 i_q 来调节 T_e，从而控制电机转速。

由永磁同步电机稳态方程可知，d 轴和 q 轴分量之间存在交叉耦合，为了更好地实现控制目标，必须对 d 轴和 q 轴解耦才能实现转矩和无功功率的控制。所以需要采用前馈补偿的方法消除两者之间的耦合。

永磁同步发电机的转速控制结构如图 5-12 所示。系统采用转速外环电流内环的双闭环控制结构，其中转速外环主要实现最佳转速的跟踪；电流内环控制直驱永磁同步发电机

的转矩。使用 $i_d = 0$ 的矢量控制策略，首先参考功率 P^* 与实际功率 P 做比较，通过 PI 控制器输出转矩电流参考值 i_{qref}，发电机输出的三相电流值经过坐标变换，变换到两相旋转坐标系中与参考电流 i_{dref}、i_{qref} 比较，经过电流控制器和前馈补偿环节得到控制电压 u_d、u_q，最后经过 SVPWM 调制算法得到 PWM 整流器开关器件的开关控制信号。

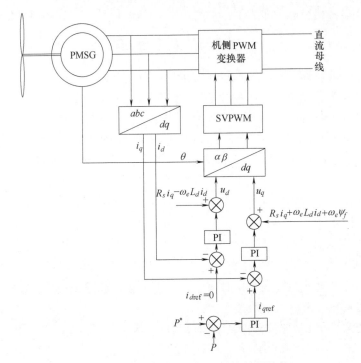

图 5-12 永磁同步发电机的转速控制结构

第六节 离网型发电机

离网型的风电机组一般是户用的用蓄电池储能的小型风电机组，不与电网连接。

离网型风电机的功率范围为几百瓦到几十千瓦，功率等级比较小，一般采用风轮直接驱动发电机。曾经用于离网型风电系统的发电机有很多种，有直流发电机、电磁式交流发电机、永磁电机、爪极式发电机、磁阻式发电机等；电机不仅有三相电机，更有六相、九相、十二相等多相电机。随着永磁材料的发展，永磁材料性能大大提高，价格也趋于合理，永磁电机逐渐成为小型风电系统中应用最广泛的电机。永磁发电机不论从电气性能上，还是在安全可靠性上讲，都优于前几类发电机。

第七节 风电机组的控制技术

一、风电机组的控制目标和功能

风能是一种能量密度低、稳定性较差的能源，由于风速和风向的随机性，风电机组运行时产生一些特殊问题，如风力机叶片攻角不断变化，使叶尖速比偏离最佳值，对风电系统的发电效率产生影响；引起叶片的摆振与挥舞、塔架的弯曲与抖振等，影响系统运行的可靠性和使用寿命；发电机发出电能的电压和频率随风速而变，从而影响电能的质量和风电机机组的并网等。这就对风电机机组的控制系统提出了很高的要求。

风电机组控制系统的目标主要有：

（1）保证系统的可靠运行；

（2）提高能量利用率；

（3）提升电能质量；

（4）延长机组寿命。

应具备以下具体功能：

（1）在运行的风速范围内，确保系统的稳定。

（2）根据风速信号自动进入启动状态或自动从电网切出。

（3）根据功率及风速大小自动进行转速和功率的控制。低风速时，能够跟踪最佳叶尖速比，获取最大风能；高风速时，能够限制风能的捕获，保持风电机组的输出功率为额定值。

（4）根据风向信号自动偏航对风。

（5）减小阵风引起的转矩波动峰值，减小风轮的机械应力和输出功率的波动，避免共振；减小功率传动链的暂态响应。

（6）发电机超速或转轴超速，能紧急停机。

（7）当电网故障，发电机脱网时，能确保机组安全停机。

（8）电缆扭曲到一定值后，能自动解缆。

（9）在机组运行过程中，能对电网、风况和机组的运行状况进行检测和记录，对出现的异常情况能够自行判断并采取相应的保护措施，并能够根据记录的数据，生成各种图表，以反映风电机组的各项性能。

（10）对在风电场中运行的风电机组还应具备远程通信的功能。

为了完成上述目标及要求，控制系统必须根据风速信号自动进入启动、并网状态或从电网切出；根据功率及风速大小自动进行转速和功率控制；根据风向信号自动对风；根据功率因数自动投入（或切出）相应的补偿电容（对于设置补偿电容的机组）。当发电机脱网时，能确保机组安全关机；在机组运行过程中，能对电网、风况和机组的运行状况进行监测和记录，对出现的异常情况能够自行判断并采取相应的保护措施，并能够根据记录的数据，生成各种图表，以反映风电机组的各项性能指标；对于在风电场中运行的风电机组还应具备远程通信的功能。

二、风电机组控制系统的结构

风电机组的控制系统是一个综合性系统，尤其是对于并网运行的风电机组，控制系统不仅要监视电网、风况和机组运行数据，对机组进行并网与脱网控制，以确保运行过程的安全性和可靠性，还需要根据风速和风向的变化对机组进行优化控制，以提高机组的运行效率和发电质量。这正是风电机组控制中的关键技术。现代风电机组一般都采用微机控制，图 5-13 为风电机组控制系统的总体结构图。

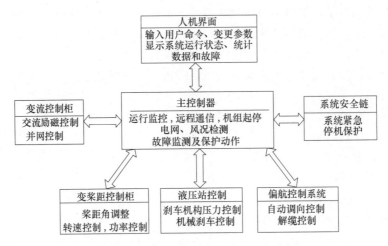

图 5-13　风电机组控制系统的总体结构

风电机组的微机控制属于离散控制，是将风向标、风速计、风轮转速，发电机的电压、频率、电流，电网的电压、电流、频率，发电机和增速齿轮箱等的温升，机舱和塔架等的振动，电缆过缠绕等传感器的信号经过模/数转换输送给微机，由微机根据设计程序发出各种控制指令。

风电控制系统的现场控制站包括：塔基主控制器机柜、机舱控制站机柜、变桨距控制系统、变流器控制系统、现场触摸屏站、以太网交换机、现场总线通信网络、UPS 电源、紧急停机后备系统等。

1. 塔座主控制器机柜

塔座主控制器机柜（即主控制器机柜）是风电机组设备控制的核心，主要包括控制器、I/O 模块等。控制器硬件采用 32 位处理器，系统软件采用强实时性的操作系统，运行机组的各类复杂主控逻辑通过现场总线与机舱控制器机柜、变桨距系统、变流器系统进行实时通信，以使机组运行在最佳状态。

控制器的组态采用功能丰富、界面友好的组态软件，采用符合 IEC 61131-3 标准的组态方式，包括功能图（FBD）、指令表（LD）、顺序功能块（SFC）、梯形图、结构化文本等组态方式。

2. 机舱控制器机柜

机舱控制器机柜采集机组传感器测量的温度、压力、转速以及环境参数等信号，通过现场总线和机组主控制站通信，主控制器通过机舱控制机架以实现机组的偏航、解缆等功能，此外还对机舱内各类辅助电机、油泵、风扇进行控制，以使机组工作在最佳状态。其中风电机组主控制器一般分置于机舱控制站机柜和塔基控制站机柜中。

（1）主控制器　风电机组的主控制器是控制系统的核心。它一方面与各个功能块相联系，接收信息，并通过分析计算发出指令。另一方面与远程控制单元通信，沟通信息及传递指令。

主控制器可以选用 PLC 控制器。Mita 公司的 WP4000 系统是风力发电行业的专用嵌入式控制器。控制模块通过光纤数据传输电缆和 RS485 串口分别与塔基变频器开关柜上的显示操作屏和变桨控制系统相连。主控柜中包含有高度集成的控制模块 WP4000（CPU 模块）、超速模块、转速模块、各种空气开关、电机启动保护开关、继电器、接触器等。

机舱控制柜和塔基控制柜为光纤通信，机舱控制柜与变桨距系统、UPS、WP4084（振动分析模块）为 RS-485 串行通信。塔基控制柜通信模块 WPL110 将光纤信号转为以太网信号；CAN 模块将以太网信号转为 CAN 信号，与变流器 CAN 通信；风场机组间光纤通信通过以太网转光纤交换机，实现风场的环网通信；远程监控为以太网通信。

（2）主控制器的功能

① 采集机舱内振动开关、油位、压差、磨损、发电机 PTC 及接触器、中间继电器和传感器的反馈等开关量信号；采集并处理风轮转速、发电机转速、风速风向、温度、振动等脉冲、模拟量信号到 WPL351 模块。

② 通过接收变桨系统温度反馈和顺桨反馈，发送信号使变桨距系统紧急顺桨和复位。通过变桨距系统 RS-485 通信，控制桨距角变化，实现最大风能捕获和功率控制。

（3）主控制器在塔基控制柜的功能

① 控制器的处理模块（CPU 模块）位于塔基控制柜，主要完成数据采集及 I/O 信号处理；逻辑功能判定；对外围执行机构发出控制指令；与机舱控制柜光纤通信，接收机舱信号，返回控制信号；与中央监控系统通信，传递信息。

② 对变流器、变桨距系统、液压系统、偏航系统、润滑系统、齿轮箱的状况及机组关键设备的温度及环境温度等进行监控；通过变流器和变桨距系统的耦合控制，与变流器通信，实现机组变速恒频运行、有功及无功调节、功率控制、高速轴紧急制动、偏航自动对风、自动解缆、发动机和主轴的自动润滑、主要部件的除湿加热和散热器的开停。

③ 实现对定子侧和转子侧的电压、电流进行测量，除了用于监控过电压、低电压、过电流、低电流、三相不平衡外，也用于统计发电量，以及并网前后的相序检测。

④ 通过和机舱控制柜相连的信号线实现系统安全关机、紧急关机、安全链复位等功能。

3. 变桨距控制系统

大型兆瓦级以上风电机组通常采用液压变桨系统或电动变桨系统。变桨距系统包括每个叶片上的电机、驱动器，以及主控制 PLC 等部件，变桨系统由前端控制器对 3 个风机叶片的桨距驱动装置进行控制，是风电控制系统中桨距调节控制单元，采用 CANOPEN 与主控制器进行通讯，以调节 3 个叶片的桨距工作在最佳状态。变桨系统有后备电源系统、安全链保护及后备顺桨控制接口。

其主要功能如下：紧急刹车顺桨系统控制，在紧急情况下，实现风机顺桨控制；通过 CAN 通讯接口和主控制器通讯，接受主控指令，变桨距控制系统调节桨叶的节角距至预定位置。

变桨距控制系统和主控制器的通讯内容包括：桨叶位置反馈；桨叶节距给定指令、桨距系统综合故障状态、叶片在顺桨状态、顺桨命令。

4. 偏航控制系统

偏航系统的主要任务是根据当前的机舱角度和测量的低频平均风向信号值，以及机组当前的运行状态、负荷信号，调节 CW（顺时针）和 CCW（逆时针）电机，实现自动对风、电缆解缆控制。

自动对风：当机组处于运行状态或待机状态时，根据机舱角度和测量风向的偏差值调节 CW、CCW 电机，实现自动对风（以设定的偏航转速进行偏航，同时需要对偏航电机的运行状态进行检测）。

自动解缆控制：当机组处于暂停状态时，如机舱向某个方向扭转大于 720°时，启动自动解缆程序，或者机组在运行状态时，如果扭转大于 1024°时，实现解缆程序。

5. 变流器控制系统

大型风电机组目前普遍采用大功率的变流器以实现发电能源的变换，变流器系统通过现场总线与主控制器进行通讯，实现并网/脱网控制，以及转速、有功功率和无功功率的调节。

并网和脱网：变流器系统根据主控的指令，通过对发电机转子励磁，将发电机定子输出电能控制至同频、同相、同幅，再驱动定子出口接触器合闸，实现并网；当机组的发电功率小于某值持续几秒后或风机（或电网）出现运行故障时，变流器驱动发电机定子出口接触器分闸，实现机组的脱网。

发电机转速调节：机组并网后在额定负荷以下阶段运行时，通过控制发电机转速实现机组在最佳 λ 曲线运行，通过将风轮机当作风速仪测量实时转矩值，调节机组至最佳状态运行。

有功功率控制：当机组进入恒定功率区后，通过和变频器的通讯指令，维持机组输出恒定的功率。

无功功率控制：通过和变频器的通讯指令，实现无功功率控制或功率因数的调节。

6. 增速齿轮箱控制系统

齿轮箱系统用于将风轮转速增速至双馈发电机的正常转速运行范围内，需监视和控制齿轮油泵、齿轮油冷却器、加热器、润滑油泵等。

当齿轮油压力低于设定值时，启动齿轮油泵；当压力高于设定值时，停止齿轮油泵。当压力越限后，发出警报，并执行停机程序。

齿轮油冷却器/加热器控制齿轮油温度：当温度低于设定值时，启动加热器，当温度高于设定值时，停止加热器；当温度高于某设定值时，启动齿轮油冷却器，当温度降低到设定值时，停止齿轮油冷却器。

润滑油泵控制：当润滑油压低于设定值时，启动润滑油泵，当油压高于某设定值时，停止润滑油泵。

7. 发电机控制系统

监控发电机运行参数，通过 3 台冷却风扇和 4 台电加热器，控制发电机线圈温度、轴承温度、滑环室温度在适当的范围内，相关逻辑如下：当发电机温度升高至某设定值后，启动冷却风扇，当温度降低到某设定值时，停止风扇运行；当发电机温度过高或过低并超限后，发出报警信号，并执行安全停机程序。当温度越低至某设定值后，启动电加热器，温度升高至某设定值后，停止加热器运行；同时电加热器也用于控制发电机的温度端差在合理的范围内。

8. 液压控制系统

机组的液压控制系统用于偏航系统刹车、机械刹车盘驱动。机组正常时，需维持在额定压力区间运行。液压泵控制液压系统压力，当压力下降至设定值后，启动油泵运行，当压力升高至某设定值后，停泵。

9. 气象系统

气象系统为智能气象测量仪器，通过 RS485 口和控制器进行通讯，将机舱外的气象参数采集至控制系统。根据环境温度控制气象测量系统的加热器以防止结冰。

10. 现场触摸屏站

现场触摸屏站是机组监控的就地操作站，实现风力机组的就地参数设置、设备调试、维护等功能，是机组控制系统的现场上位机操作员站。

11. 以太网交换机（HUB）

系统采用工业级以太网交换机，以实现单台机组的控制器、现场触摸屏和远端控制中心网络的连接。现场机柜内采用普通双绞线连接，和远程控制室上位机采用光缆连接。

12. 现场通讯网络

主控制器具有 CANOPEN、PROFIBUS、MODBUS、以太网等多种类型的现场总线接口，可根据项目的实际需求进行配置。

13. UPS 电源

UPS 电源（不间断电源）用于保证系统在外部电源断电的情况下，机组控制系统、危急保护系统以及相关执行单元的供电。

三、风电机组的运行控制过程

1. 风电机组工作运行过程

风电机组运行过程可分为：待机状态、自启动、欠功率运行状态、额定功率运行状态、正常停机状态和紧急停机状态。其具体运行过程如下。

（1）待机状态　当风速大于 3m/s，但不足以将风电机组拖动到切入的转速，或者风电机组从小功率（逆功率）状态切出，没有重新并入电网，这时的风力机组处于待机状态。待机状态除了发电机没有并入电网，机组实际上处于工作状态，所有的执行机构和信号均处于实时监测状态。这时控制系统已做好切入电网的一切准备。

① 控制叶尖扰流器的电磁阀打开，压力油进入液压缸，叶尖扰流器被收回，与叶片主体合为一体。控制器收到叶尖扰流器已回收的反馈信号后，压力油的另一路进入机械盘式制动器液压缸，松开机械制动器，制动状态解除。

② 控制器允许风轮对风时，通过风向标信号实时监测风向变化，通过传感器测定风轮偏角。当风力机向左或右偏离风向确定时，需延迟 10s 后才执行向左或右偏航，以避免在风向扰动情况下的频繁启动。偏航制动松开 1s 后，偏航电动机根据指令执行左右偏航。偏航停止时，偏航制动卡紧，使风轮始终处于迎风状态。对于变桨距机组，机组叶片处于顺桨位置。

③ 液压系统的压力保持在设定值上，液压油位和齿轮润滑油位正常。

④ 发电机温度、增速器润滑油温度在设定范围以内。

⑤ 扭缆开关复位、维护开关在运行位置。

⑥ 非正常停机后显示的所有故障信息均已解除。

⑦ 控制系统电源正常。

⑧ 风况、电网和机组的所有状态参数均在控制系统检测之中，一旦风速增大，转速升高，发电机即可并入电网。

（2）自启动　风电机组的自启动是指风轮在自然风速的作用下，不依靠其他外力的协助，将发电机拖动到额定转速，为并入电网做好准备。早期的定桨距风电机组不具有自启动功能，风轮的启动是在发电机的协助下完成的，这时的发电机只作为电动机运行，通常称为"电动机启动"。现在，有一些定桨距风电机组的风轮具有良好的自启动性能。一般在风速大于 4m/s 的条件下，即可自启动到发电机的额定转速。自启动的条件如下：正常启动前 10min，风电机组控制系统对电网、风况和机组的状态进行检测。

① 电网检测：连续 10min 内电网没有出现过电压、低电压；电网电压 0.1s 内跌落值均小于设定值；电网频率在设定值之内；没有出现三相不平衡等现象。

② 风况检测：连续 10min 风速在风电机组运行风速的范围内（3～25m/s），且控制器、执行机构和检测信号均正常。

③ 机组检测：机组叶片桨距角由 90°向 0°方向转至合适角度，风轮获得气动转矩使机组转速开始增加。上述条件满足时，按控制程序机组开始执行"风轮对风"与"制动解除"指令，机组启动。

（3）风电机组并网过程　并网是指控制机组转速达到额定转速，通过合闸开关将发电机接入电网的过程。当平均风速高于 3m/s 时，风轮开始逐渐启动；风速继续升高，大于 4m/s 时，机组可自启动直到某一设定转速，此时发电机将按控制程序被自动地连入电网。一般总是小发电机先并网，当风速继续升高到 7～8m/s，将切换到大发电机运行。如果平均风速处于 8～20m/s，则直接使大发电机并网。对于不同的发电机其并网过程也不相同。

普通异步发电机的并网过程是通过三相主电路上的三相晶闸管完成的。当发电机过渡到稳定的发电状态后，与晶闸管电路平行的旁路接触器合上，机组完成并网过程，进入稳定运行状态。为了避免产生火花，旁路接触器的开与关，都是在晶闸管关断前进行的。

对于双馈发电机，其并网过程是通过控制变流器来控制转子交流励磁完成的。对于直驱发电机，并网过程是通过控制全功率变流器来完成的。并网前首先启动网侧变流器调制单元给直流母线预充电，接着启动电机侧变流器调制单元检测机组转速，同时追踪电网电压、电流波形与相位。当电机达到一定转速时，通过全功率变流器控制的功率模块和变流器网侧电压之间的相位差，当其为零或相等（过零点）时实现并网发电。

（4）欠功率运行状态　发电机并入电网后，由于风速低于额定风速，发电机在额定功率以下的低功率状态运行。早期欠功率不加以控制，此时等同于定桨距风力机组，其功率输出取决于桨叶的气动性能。同时，通过调节机组的转速追踪最佳叶尖速比，达到最大风能捕获的目的。

（5）额定功率运行状态　当风速达到或超过额定风速后，风电机组进入额定功率状态，在传统的变桨距控制方式中，这时将转速控制切换到功率控制，变桨距系统开始根据发电机的功率信号进行控制，控制信号的给定值即恒定额定功率。功率反馈信号与给定值进行比较，当功率超过额定功率时，桨距就向迎风面积减小的方向转动一个角度；反之就向迎风面积增加的方向转动一个角度。

（6）停机状态　停机一般要分为正常停机与非正常紧急停机。对于一般性设备及电网故障，当故障出现时将进行正常保护停机。需要停机时先将叶片顺桨，降低风力机输入功率；再将发电机脱离电网，降低机组转速；最后投入机械制动。当出现发电机超速严重故障时，将进行紧急停机。紧急停机时执行快速顺桨，并在发电机脱网的同时投入机械制动，因此，紧急停机对机组的冲击是比较大的。正常停机是在控制系统指令作用下完成的，当故障解除时机组能够自动恢复启动；紧急停机一般伴随安全链动作，重新启动需要工作人员参与。

2. 风电机组的启动

风电机组的启动功能包括自启动功能、本地启动功能和远程启动功能。

（1）自启动 风电机组在系统上电后，首先进行 10min 的系统自检，并对电网进行检测，系统无故障后，安全链复位。然后启动液压泵，液压系统建压，在液压系统压力正常且风电机组无故障的情况下，执行正常的启动程序。

（2）本地启动 即塔基面板启动。本地启动具有优先权。在进行本地启动时，应屏蔽远程启动功能。当机舱的维护按钮处在维护位置时，则不能响应该启动命令。

（3）远程启动 远程启动是通过远程监控系统对单机中心控制器发出启动命令，在控制器收到远程启动命令后，首先判断系统是否处于并网运行状态或者正在启动状态，且是否允许风电机组启动。若不允许启动，将对该命令不响应，同时清除该命令标志；若电控系统有顶部或底部的维护状态命令时，同样清除命令，并对其不响应；当风电机组处于待机状态并且无故障时，才能在收到远程开机命令后，执行与面板开机相同的启动程序。在启动完成后，清除远程启动标志。

3. 风电机组正常运行的控制内容

（1）开机并网控制 风电机的并网控制直接影响到风电机能否向输电网输送电能以及机组是否受到并网时冲击电流的影响。并网控制装置有软并网、降压运行和整流逆变三种方式。

① 软并网装置：异步发电机直接并网时，其冲击电流达到额定电流的 6～8 倍时，为了减少直接并网时产生的冲击电流及接触器的投切频率，在风速持续低于启动风速一段时间后，风电机才与电网解列，在此期间风电机处于电动机运行状态，从电网吸收有功功率。

② 降压运行装置：软并网装置只在风电机启动时运行，而降压运行装置始终运行，控制方法也比较复杂。该装置在风速低于风电机的启动风速时将风电机与电网切断，避免了风电机的电动机运行状态。

③ 整流逆变装置：整流逆变是一种较好的并网方式，它可以对无功功率进行控制，有利于电力系统的安全稳定运行，缺点是造价高。随着风电场规模的不断扩大和大功率电力电子设备价格的降低，这种并网装置可能会得到广泛的应用。

（2）小风和逆功率脱网 小风和逆功率停机是将风电机组停在待风状态。当 10min 平均风速小于小风脱网风速或发电机输出功率负到一定值后，风电机组不允许长期在电网运行，必须脱网，处于自由状态，风电机组靠自身的摩擦阻力缓慢停机，进入待风状态，当风速再次上升，风电机组又可自动旋转起来，达到并网转速，风电机组又投入并网运行。

（3）普通故障脱网停机 机组运行时发生参数越限、状态异常等普通故障后，风电机组进入普通停机程序，机组投入气动刹车，软脱网，待低速轴转速低于一定值后，再抱机械闸，如果是由于内部因素产生的可恢复故障，计算机可自行处理，无需维护人员到现场，即可恢复正常开机。

（4）紧急故障脱网停机 当系统发生紧急故障如风电机组发生飞车、超速、振动及负载丢失等故障时，风电机组进入紧急停机程序，机组投入气动刹车的同时执行 90°偏航控制，机舱旋转偏离主风向，转速达到一定限制后脱网，低速轴转速小于一定转速后，抱机械闸。

（5）安全链动作停机　安全链动作停机是指电控制系统软保护控制失败时，为安全起见所采取的硬性停机，叶尖气动刹车、机械刹车和脱网同时动作，风电机组在几秒内停下来。

（6）大风脱网控制　当风速 10min 平均值大于 25m/s 时，风电机组可能出现超速和过载，为了机组的安全，这时风电机组必须进行大风脱网停机。风电机组先投入气动刹车，同时偏航 90°，等功率下降后脱网，20s 后或者低速轴转速小于一定值时，抱机械闸，风电机组完全停止。当风速回到工作风速区后，风电机组开始恢复自动对风，待转速上升后，风电机组又重新开始自动并网运行。

（7）对风控制　风电机组在工作风速区时，应根据机舱的控制灵敏度，确定每次偏航的调整角度。用两种方法判定机舱与风向的偏离角度，根据偏离的程度和风向传感器的灵敏度，时刻调整机舱偏左和偏右的角度。

（8）偏转 90°对风控制　风电机组在大风速或超转速工作时，为了风电机组的安全停机，必须降低风电机组的功率，释放风轮的能量。当 10min 平均风速大于 25m/s 或风电机组转速大于转速超速上限时，风电机组做偏转 90°控制，同时投入气动刹车，脱网，转速降下来后，抱机械闸停机。在大风期间实行 90°跟风控制，以保证机组大风期间的安全。

（9）功率调节　当风电机组在额定风速以上并网运行时，对于失速型风电机组，由于叶片的失速特性，发电机的功率不会超过额定功率的 15%。一旦发生过载，必须脱网停机。对于变桨距风电机组，必须进行变距调节，减小风轮的捕风能力，以便达到调节功率的目的。通常桨距角的调节范围在 −2°～86°。

（10）软切入控制　风电机组在进入电网运行时，必须进行软切入控制，当机组脱离电网运行时，也必须软脱网控制。利用软并网装置可完成软切入/出的控制。通常软并网装置主要由大功率晶闸管和有关控制驱动电路组成。控制目的就是通过不断监测机组的三相电流和发电机的运行状态，限制软切入装置通过控制主回路晶闸管的导通角，以控制发电机的端电压，达到限制启动电流的目的。在电机转速接近同步转速时，旁路接触器动作，将主回路晶闸管断开，软切入过程结束，软并网成功。通常限制软切入电流为额定电流的 1.5 倍。

第八节　风电机组的桨距控制

一、定桨距风力机的控制

定桨距风力机的主要结构特点是叶片与轮毂的连接是固定的。当风速变化时，叶片的安装角和桨距角不变，随着风速的增加，会发生失速现象。为了解决失速和制动问题，叶片制造企业首先用玻璃复合材料研制成功了失速性能良好的风电机叶片，解决定桨距风电机组在大风时的功率控制问题。然后又将叶尖扰流器成功地应用在风电机组上，解决了在突甩负载情况下的安全停机问题。

（1）叶片失速调节　叶片的自动失速调节是依靠叶片本身的翼型设计来实现的。叶片失速调节原理如图 5-14 所示。图中 F 为作用在叶片上的气动合力，该力可以分解成 F_d、F_1 两部分；F_d 与风速垂直，称为驱动力，使叶片转动；F_1 与风速平行，称为轴向推力，通过塔架作用到地面上。当叶片的安装角不变，随着风速的增加攻角增大，达到临界攻角时，升力系数开始减小，阻力系数不断增大，造成叶片失速。失速调节叶片的攻角沿轴向由根部向叶尖逐渐减少，因而根部叶面先进入失速，随风速增大，失速部分向叶尖处扩展，原先已失速的部分，失速程度加深，未失速的部分逐渐进入失速区。失速部分使功率减少，未失速部分仍有功率增加，从而使输入功率保持在额定功率附近。

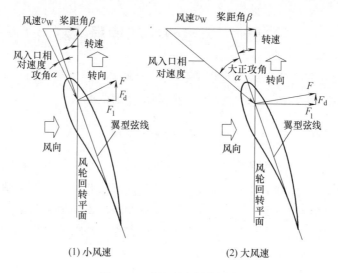

图 5-14　叶片失速调节原理

（2）叶尖扰流器　叶尖扰流器是叶片叶尖一段可以转动的部分，产生的气动阻力相当高。在风电机组启动时，控制系统对风速的变化情况进行不间断的检测，当 10min 平均风速大于启动风速时，风电机组做好切入电网的一切准备工作，即松开机械制动，收回叶尖阻尼板风轮偏航到迎风方向；当风电机组需要安全停机时，液压系统按控制指令将叶尖扰流器转动形成叶尖阻尼板，使风电机迅速减速。控制系统将不间断地检测各传感器信号是否正常，如液压系统压力是否正常，风向是否偏离，电网参数是否正常等。

二、变桨距风力机的控制

变桨距风力机的叶片与轮毂不再采用刚性连接，而是通过可转动的推力轴承或联轴器连接，可以通过调节桨距角来控制风力机吸收风能。

通过对桨距角的主动控制可以克服定桨距中被动失速调节的许多缺点。当风轮开始旋转时，采用较大的正桨距角可以产生一个较大的启动力矩。停机的时候，经常使用 90°的桨距角，因为在风力机刹车制动时，这样做使得风轮的空转速度最小。在 90°正桨距角时，叶片称为"顺桨"。

在额定风速以下时，风电机组应该尽可能地捕捉较多的风能，所以这时没有必要改变桨距角，此时的空气动力载荷通常比在额定风速之上时小，因此也没有必要通过变桨距来调节载荷。然而，恒速风电机组的最佳桨距角随着风速的变化而变化，因此对于一些风电机组，在额定风速以下时，桨距角随风速仪或功率输出信号的变化而缓慢地改变角度。

在额定风速以上时，变桨距控制可以有效调节风电机组吸收功率及叶轮产生载荷，使其不超过设计的限定值。然而，为了达到良好的调节效果，变桨距控制应该对变化的情况做出迅速的响应。这种主动的控制器需要仔细地设计，因为它会与风电机组的动态特性产生相互影响。

当达到额定功率时，随着桨距角的增加，攻角会减小。攻角的减小将使升力和力矩减小。

第九节　风电机组的信号检测

在风电机组运行过程中，必须对相关参数进行测量，并根据测量结果发出相应信号，将信号传递到主控系统，作为主控系统发出控制指令的依据。

一、电量信号测量

（1）电压与电流　电压和电流是两个最基本的电量。电压和电流的大小可以用有效值来表示，也可以用平均值或最大值来表示。通常交流电压和电流多用有效值表示，因此交流仪表多用有效值来进行标定；而直流电压和电流则多用平均值来表示，因此直流仪表也多用平均值来进行标定。电压与电流测量时，一般都直接测取线电压和线电流，暂态反应速度应低于 0.02s，精度高于 0.5 级。

在风电机组主电路中应设有过电压保护装置，当发生电压故障时，风电机组必须退出电网。而电流是风电机组并网时需要持续监视的参量，如果切入电流不小于允许极限，则晶闸管导通角不再增大，当电流开始下降后，导通角逐渐打开直至完全开启。并网期间，通过电流测量可检测发电机或晶闸管的短路及三相电流不平衡信号。如果三相电流不平衡超出允许范围，控制系统将发出故障停机指令，风电机退出电网。

电压测量值经平均值算法处理后可用于计算机组的功率和发电量的计算；电流测量值经平均值算法处理后与电压、功率因数合成为有功功率、无功功率及其他电力参数。

（2）功率和功率因数　功率因数通过分别测量电压相角和电流相角获得，经过移相补偿算法和平均值算法处理后，用于统计发电机有功功率和无功功率。由于无功功率导致电网的电流增加，线损增大，且占用系统容量，因而送入电网的功率，无功分量越少越好，功率因数直接影响风电机组发电量计量和补偿电容投入容量，要求精度较高。一般要求功率因数保持在 0.95 以上。

功率可通过测量的电压、电流和功率因数计算得出，还可以利用功率表和功率变送器测量，用于统计风电机组的发电量。

（3）电网频率　测量值经平均算法处理，与电网上限、下限频率进行比较，超出时风电机组退出电网。电网频率直接影响发电机的同步转速，进而影响发电机的瞬时出力。其值一般在工频附近，精度要求±0.1Hz，反应速度快。另外，电量信号测量还包括接地故障、逆变器运行信息信号等。

二、速度信号测量

（1）转速测量　风电机组转速的测量包括发电机转速、风轮转速、偏航转速和方向等。其测量点有三个，即发电机输入端转速、齿轮箱输出端转速和风轮转速，还有两个转速传感器安装在机舱与塔筒连接的齿轮上，用来识别偏航旋转方向。转速测量信号用于控制风电机组并网和脱网，还可用于启动超速保护系统，当风轮转速超过设定值时，超速保护动作，风电机组停机。风轮转速和发电机转速可以相互校验，如果不符，则提示风电机组故障。

转速测量方法有很多种，在风电机组中，常采用光电转速传感器和电感式接近开关。

① 光电转速传感器可分为投射式和反射式两种，风电机组中主要采用投射式。投射式光电转速传感器的测速原理如图 5-15 所示。

将一个圆周均匀分布着很多小圆孔或齿槽的圆盘（常称为齿盘）固定在被测轴上，齿盘两侧分别设置红外光源和光敏晶体管，当红外光束通过小孔或槽部投射到光敏晶体管上时，光敏晶体管导通；当光束被齿盘的无孔部分或齿部遮挡时，光敏晶体管截止。因此每当齿盘随转轴转过一个孔距（或一个齿距），光敏晶体管就会送出一个脉冲信号。显然，脉冲信号的

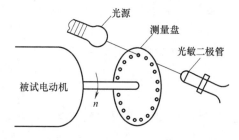

图 5-15　投射式光电转速传感器的测速原理

频率与被测轴的转速成正比。一般齿盘圆周的孔数（或齿槽数）为 60 或 60 的整数倍。

② 电感式接近开关也用于检测低速轴和高速轴的转速，其外形如图 5-16 所示。当齿轮随转轴转过一个齿距，接近开关就会送出一个脉冲信号。显然，脉冲信号的频率与被测轴的转速成正比。

图 5-16　电感式接近开关

（2）风速测量　风机配有两个装在相配支架上的加热风速计，支架有一个接地环，对风速计提供避雷功能。电缆铺设在穿线管中。

风速计送出的信号为频率值，经光耦合器隔离后送至频率数字化模块，模块可处理的最大输入频率值为 6.8kHz。模块采用 485 通信方式把数据送给工控机，计算机把传送来的频率信号经平均后转换成风速。由于频率-风速的轮换关系为非线性，在转换过程中采用了分段线性的方法进行处理。风速值可根据功率进行校验，当风速在 3m/s 以下，功率高于 150kW 持续 1min 时，或风速在 8m/s 以上，功率低于 100kW 持续 1min 时，表示风速计有故障。

（3）偏航角度测量　偏航角度测量采用偏航计数传感器测量。从机舱到塔筒间布置的

柔性电缆由于偏航控制会变得扭曲。如果在扭曲达到两圈后正好由于风速原因导致风机停机，此时主控系统将会使机舱旋转，直到电缆不再扭曲。如果一直在扭曲达到 3 圈前还是不能进行解缠绕，系统产生正常停机程序，使电缆解缠绕。当电缆扭曲达到 ±4 圈后安全回路将会中断，紧急停机。

三、温度信号测量

温度信号测量主要包括：主轴承温度、齿轮箱油温、液压油油温、齿轮箱轴承温度、发电机轴承温度、发电机绕组温度、环境温度、电器柜内温度、制动器摩擦片温度等。

温度测量时使用的检温计主要有热电阻、热电偶和半导体热敏电阻等，在风电机组中，温度数据信号采集点相对集中，距离主控位置 50m。器件热容量较大，反映到温度变化较慢，多用热电阻测量。

热电阻检温计是利用金属导体的电阻随温度变化而变化的特性来测量温度的。对纯金属来说，电阻率 ρ 与温度 t 的关系可用下式表示：

$$\rho = \rho_0 (1 + \alpha t) \tag{5-31}$$

式中　　ρ_0——导体在摄氏零度时的电阻率

　　　　α——电阻的温度系数

铂、铜等金属材料的温度系数可以在很宽的温度范围内保持恒定，使铂、铜导体的电阻值与温度的关系在很宽的温度范围内保持良好的线性度。另外，它们的物理、化学性能稳定，易于提纯，可以拉成细丝，是较好的热电阻材料。

铂热电阻和铜热电阻是工程上广泛应用的热电阻检温计，具有体积小、安装方便等优点，在并网运行的大中型风电机组中，普遍用于前、后主轴承及齿轮箱油温，发电机轴承以及定子绕组等的温度测量。

由 Pt100 铂热电阻对温度进行采样，其采集的信号经相关电路处理后形成 0～5V 电压。根据采样点空间布置和距离数据处理中心的位置，在机舱上设计一个采集模块，就地将温度值转化成数字信号，并将数据送给计算机。

第十节　制动系统控制

制动系统的工作可靠性事关风电机组的安全，因此制动系统的控制是由风电机组的主控计算机进行的。制动系统的软件控制程序被安排在最优先级别。主控计算机将监测系统传回的信号数据进行分析判断后，通过控制电路将控制指令传递给执行机构，由执行机构进行制动操作。

一、制动系统的控制方式

风电机的制动系统采用冗余控制方式，至少应设计有制动系统的正常控制逻辑和安全控制逻辑。在控制系统中，安全控制逻辑是比正常控制逻辑更高级别的控制逻辑。这就使制动系统具有失效保护功能，当出现重大故障或驱动机构的能源装置失效时，制动系统能够使风电机组处于安全制动状态。各种控制逻辑的触发条件如下。

（1）在任何条件下不能同时触发不同的控制逻辑，一个制动过程在同一时刻只能从属于多种控制逻辑中一种特定的控制逻辑。

（2）在同等条件下选择控制方式时，安全控制逻辑具有较高的优先级，即使在正常制动控制逻辑下的制动过程中，也应可以转移到安全控制逻辑。

（3）在各种控制逻辑中，高级别的控制逻辑应对低级别的控制逻辑具有保护作用，即在正常控制逻辑失效时可以触发安全控制逻辑。

（4）制动系统的正常控制逻辑至少应可以启动正常制动方式和紧急制动方式，并可以根据不同的风电机组运行状态投入相应的工作方式。

（5）制动系统的安全控制逻辑至少应可以启动紧急制动方式，一定条件下可自动触发并使制动系统按预定程序投入制动状态。

（6）在同一控制逻辑下，可以从低级别的制动方式向高级别的制动方式转移，即可以从正常制动方式向紧急制动方式转移。

（7）在任何控制逻辑下，同一种工作方式应具有一致性，但不同的控制逻辑可选择不同的制动工作方式。

二、制动系统的工作方式

制动系统应设定控制方式类型，至少应设计有正常制动方式和紧急制动方式。紧急制动方式是比正常制动方式更高一级的制动方式。一般情况下正常制动方式对应正常控制逻辑，紧急制动方式对应安全控制逻辑，特殊情况例外。各种工作方式下制动装置的投入顺序规定如下。

（1）在任何条件下不能同时启动不同的工作方式，一个制动过程在同一时刻只能采用多种工作方式中一种特定的工作方式。

（2）在同等条件下选择制动方式时，紧急制动方式具有较高的优先级，即使在正常制动过程中也可根据需要过渡到紧急制动方式。

（3）在正常制动方式下，制动装置应采用分时分级投入方式。按预定程序先投入一级制动装置，达到一定条件时，再按预定程序投入二级制动装置。

（4）在紧急制动方式下，一级制动装置和二级制动装置应同时按预定程序投入制动状态，实现对风电机组的安全制动。

（5）在任何工作方式下，同一级的制动装置应能按预定程序投入制动状态，并保持制动状态的稳定。

（6）偏航系统是一个自动控制系统。如图 5-17 所示，偏航系统主要由控制器、功率放大器、执行机构和偏航计数器等组成。

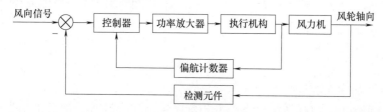

图 5-17　偏航控制系统

第十一节　风电机组的安全保护

风电机组的控制系统具有两种基本功能：一个是运行管理功能，另一个是安全保护功能。

风电机组的安全保护系统包括避雷系统、运行安全保护系统、微控制器抗干扰保护系统、微控制器的自动检测功能、紧急故障安全链保护系统、接地保护系统等。这些部分都不同程度地与控制系统相关。

一、机组运行安全保护系统

1. 大风保护安全系统

多数机组取 10min 平均 25m/s 为切出风速，由于此时风的能量很大，系统必须采取保护措施。对失速型风电机组，在关机前风轮叶片自动降低风能的捕获，风电机组的功率输出仍然保持在额定功率左右；而对于变桨距风电机组，必须调节叶片桨距角，实现功率输出的调节，限制最大功率的输出，保证发电机运行安全。当大风关机时，机组必须按照安全程序关机。关机后，风电机组一般采取偏航 90°对风。

2. 电网失电保护

风电机组离开电网的支持是无法工作的。一旦失电，空气动力制动和机械制动系统动作，相当于执行紧急关机程序。这时舱内和塔架内的照明可以维持 15～20min。对由于电网原因引起的停机，控制系统将在电网恢复正常供电 10min 后，自动恢复正常运行。

3. 参数越限保护

风电机组运行中，有许多参数需要监控，不同机组运行的现场，规定越限参数值不同。温度参数由计算机采样值和实际工况计算确定上下限控制，压力参数的极限采用压力继电器根据工况要求确定和调整越限设定值，继电器输入触点开关信号给计算机系统，控制系统自动辨别处理。电压和电流参数由电量传感器转换送入计算机控制系统，根据工况要求和安全技术要求确定越限电流、电压的参数。具体例子介绍如下。

(1) 超速保护

① 当转速传感器检测到发电机或风轮转速超过额定转速的 110% 时，控制器将给出正常关机指令。

② 防止风轮超速，采取硬件设置超速上限，此上限高于软件设置的超速上限，一般在低速轴处设置叶轮转速传感器，一旦超出检测上限，就引发安全保护系统动作。对于定桨距风电机组，风轮超速时，液压缸中的压力迅速升高，达到设定值时，突开阀被打开，压力油泄回油箱，叶尖扰流器旋转 90°成为阻尼板，使机组在控制系统或检测系统以及电磁阀失效的情况下得以安全关机。

(2) 超电压保护　超电压保护是指对电气装置元件遭到的瞬间高压冲击所进行的保护，通常对控制系统交流电源进行隔离稳压保护，同时装置加高压瞬态吸收元件，提高控制系统的耐高压能力。

(3) 超电流保护　控制系统所有的电器电路（除安全链外）都必须加过电流保护器，如熔丝、断路器等。

4. 振动保护

机组一般设有三级振动频率保护：振动球开关、振动频率上限 1、振动频率极限 2。当振动开关动作时，系统将分级进行处理。

5. 开机保护

采用机组开机正常顺序控制，对于定桨距失速异步风电机组，采取软切控制限制并网时对电网的电冲击；对于同步风电机，采取同步、同相、同压并网控制，限制并网时的电流冲击。

6. 关机保护

风电机组在小风、大风及故障时需要安全关机，关机的顺序应先空气动力制动，然后，软切除脱网关机。软脱网的顺序控制与软并网的控制基本一致。

二、微控制器抗干扰保护系统

微控制器抗干扰保护系统的作用是使微机控制系统或控制装置既不因外界电磁干扰的影响而误动作或丧失功能，也不向外界发送过大的噪声干扰，以免影响其他系统或装置正常工作。

干扰源有的来自系统的外部。例如，工业电器设备的电火花、高压输电线上的放电、通信设备的电磁波、太阳辐射、雷电，以及各大功率设备开关时发出的干扰均属于这类干扰。另一类干扰来自微机应用系统内部。例如，电源自身产生的干扰，电路中脉冲尖峰或自激振荡，电路之间通过分布电容的耦合产生的干扰，设备的机械振动产生的干扰，大的脉冲电流通过地线电阻、电源内阻造成的干扰等均属这一类。

（1）微控制器抗干扰保护系统要遵循的原则

① 抑制噪声源，直接消除干扰产生的原因；

② 切断电磁干扰的传递途径，或提高传递途径对电磁干扰的衰减作用，以消除噪声源和受扰设备之间的噪声耦合；

③ 加强受扰设备抵抗电磁干扰的能力，降低其噪声灵敏度。

（2）微控制器抗干扰保护系统的抗干扰措施

① 进入微控制器的所有输入信号和输出信号均采用光隔离器，实现微机控制系统内部与外界完全的电气隔离；

② 控制系统数字地和模拟地完全分开；

③ 控制器各功能板所有电源均采用隔离电源；

④ 输入输出的信号线均采用带护套的抗干扰屏蔽线；

⑤ 微控制器的系统电路板由带有屏蔽作用的铁盒封装，以防外界的电磁干扰；

⑥ 采用有效的接地系统等。

微控制器抗干扰保护系统的组成如图 5-18 所示。

三、安全链

安全链是独立于计算机系统的最后一级保护措施。将可能对风电机组造成致命伤害的故障节点串联成一个回路，一旦其中有一个动作，便会引起紧急关机反应。一般将如下传感器的信号串接在安全链中：紧急关机按钮、控制器程序监视器（看门狗）、液压缸压力

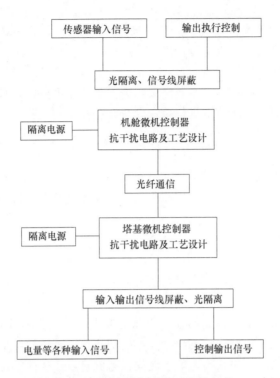

图 5-18 微控制器抗干扰系统的组成

继电器、扭缆传感器、振动传感器、控制器 DC24V 电源失电等。图 5-19 是一个安全链组成的例子。

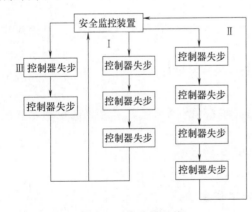

图 5-19 安全链组成

此外，如果控制计算机发生死机，风轮过转速或发电机过转速，也启动安全链。

紧急关机后，如果所有安全链相关的故障均已排除，只有手动复位后才能闭合安全链，重新启动。

四、风电机组防雷保护

1. 外部防雷保护

外部防雷保护主要用来防直击雷破坏风电机组，一般采用避雷针、避雷线等作为接闪器，将雷电流引下，由风力机的金属部分引导，通过转动和非转动系统部件间的放电间隙过渡，引导至埋于大地起散流作用的接地装置再散泄入地。外部防雷保护一般安装在风电机组不同的位置：三个叶片、机舱盖顶部和塔架及引下线。

（1）叶片防雷保护　近年来，随着桨叶制造工艺的提高和大量新型复合材料的运用，雷击成为造成叶片损坏的主要原因。因此叶片的防雷保护至关重要。

雷击造成叶片损坏的机理如下。

① 雷电击中叶片叶尖后，释放大量能量，使叶尖结构内部的温度急骤升高，引起气

体高温膨胀，压力上升，造成叶尖结构爆裂破坏，严重时使整个叶片开裂；

② 雷击造成的巨大声波，对叶片结构造成冲击破坏。实际使用情况表明，绝大多数的雷击点位于叶片叶尖的上翼面上。

雷击对叶片造成的损坏取决于叶片的形式，与制造叶片的材料及叶片内部结构有关。如果将叶片与轮毂完全绝缘，不但不能降低叶片遭雷击的概率，反而会增加叶片的损坏程度。多数情况下被雷击的区域在叶尖背面（或称吸力面）。据统计，遭受雷击的风电机组中，叶片损坏的占 20% 左右。对于沿海高山或海岛上的风电场来说，地形复杂，雷暴日较多，应充分重视由雷击引起的叶片损坏现象，采取防雷措施。在风电机组三个叶片叶尖上装设接闪器，然后在叶片内腔敷设导引线至叶片根部，叶片根部通过电缆连接到轮毂，再通过放电间隙把雷电流从轮毂引至机舱主机架、塔架到大地，这种保护避免了雷电流直击叶片，减少了叶片的损坏。

（2）机舱防雷保护　如果叶片采取了防雷保护措施，也相当于实现了对机舱的直击雷防护。但是，风电机组在运行过程中，叶片是旋转的，也需要对机舱采取防雷保护措施。

① 在机舱首尾两端加装避雷针保护，机舱内全部采用等电位连接，以保护人身不会受到接触电压的危险；

② 在机舱表面内部布置金属带或金属网，由金属带或金属网构成一个法拉第笼，对机舱内部起到良好的防雷保护。

（3）塔架及引下线　专门敷设引下线连接到机舱和塔架，引下线跨越偏航齿圈，将雷电流引入大地，因此雷击时偏航系统将不会受到损坏。对于钢塔架，雷电流可通过自身传导至接地系统。

2. 接地保护

风电机组接地保护是风电机组防雷保护的一个关键环节，Germanischer Lloyd 风电机组认证（GL 认证）要求在风电机组的塔架底部设置一个地电位连接带。它分别通过电缆与风机基础外部布置的环形接地电极、风机混凝土基础内部的环形接地电极和塔架连接。在土壤电阻率高的山区，可考虑采用铜导体作为环形接地电极，并增加垂直接地棒或把其他机组或配电站接地系统连接起来，以降低整个风电场的接地电阻，满足风电机组对接地电阻的要求。由于风电场机组间都布置有电力电缆，因此机组接地网的连接实际上可以通过这些电缆的屏蔽来实现。

3. 内部防雷保护

内部防雷保护主要用于减小和防止雷电流风电机组部件内部产生电磁效应，其保护措施主要有：等地电位连接系统、屏蔽系统、合理的布线和过电压、过电流保护等。

（1）等地电位连接系统　一种风电机组防雷与接地保护装置，包括固定在机舱上的避雷针、组装在轮毂和机舱内的叶片根部防雷接地点、机舱电气接地点，以及塔底电气防雷接地点。其特征是：在机舱内部设置第一、第二等电位体，在塔底等电位体，第一等电位体通过电缆和与轮毂接触的碳刷连接叶片根部防雷接地点，第二等电位体通过电缆分别连接避雷针和机舱电气接地点，第三等电位体通过电缆连接塔底电气防雷接地点和两个防雷接地极，第三等电位体分别用柔性电缆同第一等电位体和第二等电位体相连接。

（2）屏蔽系统　屏蔽可以减少元件间的电容性耦合。互相影响的元件间适当增加距离可以减少元件间的电容性耦合，使用屏蔽电缆可以减少电磁耦合的影响。

（3）合理布线　风电机组布线时，应尽可能地减小感应电压。通常采用的方法是：线路尽可能短而直，且尽可能靠近承载雷电流的构件；设置多个平行通道，使电流最小，并尽可能将线路靠近电流密度小的导体；敏感的线路应特殊处理，如布置在金属线槽等；多重的搭接和最短的搭接长度可使电压差最小。

（4）过电压、过电流保护　主电路计算机电源进线端、控制变压器进线端和有关伺服电动机进线端，均设置过电压、过电流保护措施。一旦发生过电压、过电流情况，即可切断输出回路，对其进行保护。

第六章 风电场的控制与运行

第一节 风电场电气设备构成

风电场的电气设备分为一次设备和二次设备。

一次设备（也可以称为主设备）是构成风电场的主体，是直接生产、输送和分配电能的设备，包括发电机组、变压器、断路器、隔离开关、电力母线和输电线路等。

二次设备是对一次设备进行控制、调节、保护和监测的设备，包括控制设备、继电保护及自动装置、测量仪表、通信设备等。

一、主要电气一次设备

1. 风电机组

风电机组是风电场中的核心设备。各种风电机组的功能都是将风能转化为电能，其发电机的主体部分是由定子和转子两大部分构成的，其基本原理都是基于电磁感应现象。但各类机组中发电机的结构和并网工作原理不尽相同。目前较为主流的大型风电机机型有如下几个。

① 笼型异步风电机：采用的发电机是笼型转子的异步发电机。

② 永磁同步直驱式风电机：采用的发电机为永磁同步发电机。

③ 交流励磁双馈式感应风电机组：采用的发电机为双馈式感应发电机。

④ 无刷双馈式风电机组。

2. 变压器

变压器主要起变换电压、传送能量的作用。发电厂中生产的电能，在进行长距离输送前，为了降低传输损耗，需要升压变压器升高电压；电能到达用户时需要降压变压器进行降压，以供用户使用，如图 6-1 所示。

（1）变压器的工作原理 图 6-2 所示为变压器工作原理简图。将两个（或两个以上）互相绝缘的绕组套在一个共同的铁心上，一个接到交流电源，称为一次绕组；另一个接到负载，称为二次绕组。外施电压，一次绕组有交流电流通过，并在铁心中产生交变磁通，频率与外加电压频率相同。一次绕组和二次绕组之间产生感应电动势。二次绕组有了感应电动势，向负载供电，实现能量传递。

图 6-1 变压器

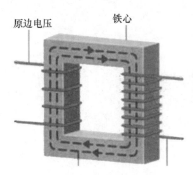

原边电压　　　　铁心

图 6-2　变压器的工作原理

铁心是变压器的磁路部分。铁心由铁磁材料制成，用以约束磁通，使穿过任一线圈的磁通几乎都通过其他线圈。绕组是变压器的电路部分，一般用漆包铝线或铜线绕成。绕组的匝数少至几百，多达几千。各绕组之间没有电气连接，它们是通过铁心中的交变磁通相互联系，实现从一个电压（电流）到另一个电压（电流）的变化。

变压器各侧的电压大小与绕组的匝数成正比；变压器各侧的电流大小与绕组的匝数成反比。因此对于任何一台变压器，绕组匝数多的一侧，电压等级高，电流小；绕组匝数少的一侧，电压等级低，电流大。根据电压的变化情况，可以将变压器分为升压变压器、降压变压器和隔离变压器，其中隔离变压器主要起隔离作用。

（2）变压器的分类　变压器的类型很多，可以根据相数、绕组数、调压方式、绝缘介质、冷却方式等进行分类。

按照适用的相数，变压器可以分为单相变压器和三相变压器等。三相系统中的变压器，可以用一台三相变压器，也可以用三台单相变压器。变压器的电压等级越高，往往容量要求也越大，因而体积庞大，结构复杂，绝缘要求也高。高压大容量的三相变压器，在生产、制造方面都有一定的困难，而且往往运输条件无法满足，有时不得不采用三台单相变压器组。采用三台单相变压器组与采用一台三相变压器相比，投资大、占地多、运行损耗大、配电装置结构复杂、维护的工作量也大。

绕组数一般对应于变压器所连接的电压等级的数目。也就是说，变压器有几个绕组，就能连接几个不同的电压等级。按照每相绕组数目的多少，变压器可以分为：双绕组变压器、三绕组变压器、多绕组变压器和自耦变压器。双绕组变压器对应两个电压等级，而三绕组变压器对应三个电压等级。在某些情况下，多绕组变压器（含三绕组）也可能有两个或多个绕组的匝数相同，即对应相同的电压等级。

变压器常用的绝缘介质主要是变压器油和空气等，相应可以将变压器分为油浸变压器和干式变压器。

按照冷却方式不同分为自然风冷、强迫空气冷却、强迫油循环水冷却、强迫油循环导向冷却、水内冷变压器和充气式变压器。

① 自然风冷：装有片状或管形辐射式冷却器，靠外界自然风使变压器的热量尽快散发到周围空气中。

② 强迫空气冷却：在辐射器管之间加装数台电风扇，加强周围空气流通，使绝缘油迅速冷却，加速热量散出。风扇的起停可以自动控制，也可人工操作。

③ 强迫油循环水冷却：采用潜油泵强迫油循环，用水对油管道进行冷却，把变压器中的热量带走。在水源充足的地方采用此方式极为有利，散热效率高，而且可以减小变压器本体尺寸，节省金属材料。但需增加水冷却系统和有关附件，且对冷却器的密闭性要求高，极微量的水渗入油中，都会影响油的绝缘性能。

④ 强迫油循环导向冷却：利用潜油泵将冷油压入线圈之间、绕组之间和铁心的油道中，使铁心和绕组中的热量直接由有一定流速的油带走；而上层热油用潜油泵抽出，经水

冷却器或风冷却器冷却后，再由潜油泵注入变压器油箱的底部，构成变压器的油循环。近年来大型变压器都采用这种方式。

⑤ 水内冷变压器：绕组用空心导体制成，运行中将纯水注入空心绕组中，借助水的不断循环，将变压器中的热量带走。

⑥ 充气式变压器（用 SF_6 气体取代变压器油）：或在油浸变压器上装蒸发冷却装置，在热交换器中，冷却介质利用蒸发时的巨大吸热能力，使变压器油中的热量有效散出，抽出汽化的冷却介质，进行二次冷却，重新变为液体，周而复始地进行热交换，使变压器得以冷却。

（3）变压器的结构　变压器的主要构件是初级线圈、次级线圈和铁心（磁芯）。以油浸式变压器结构为例，如图 6-3 所示。

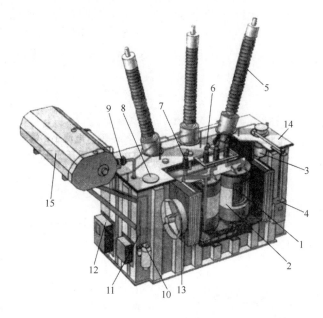

图 6-3　油浸式变压器结构

1—铁心　2—绕组　3—调压分接头　4—调压机构箱　5—高压侧套管　6—低压侧套管　7—高压侧中性点
8—压力释放阀门　9—气体继电器　10、11—吸湿器　12—主变端子箱　13—散热风扇　14—油箱　15—储油柜

（4）风力发电常用变压器　风力发电常用变压器实质就是将风电机发出的几百伏（如690V）的电能经过升压变为 10kV 或 35kV 以上，通过埋地电缆或架空线输送到风电场升压站。根据风电系统的特点，可对风力发电常用变压器提出如下要求。

① 变压器空载时间长：风力发电一般具有明显的季节性，变压器的年负载率平均只有 30% 左右。因此，要求变压器的空载损耗应尽量低。

② 过载时间少：由于变压器容量一般都比风电机容量大，而由于风机采用微机技术，实现了风机自诊断功能，安全保护措施非常完善，在风机过载时会自动采取限速措施或停止运行，基本上不会造成变压器过载运行。因此，变压器的寿命应比普通配电变压器长。

③ 运行环境恶劣：在我国，风力资源丰富的地区一般集中在沿海、东北、西北地区，变压器运行在野外，因此就要考虑设备的耐用性问题。在沿海地区的设备就应考虑防盐雾、霉菌、湿热；在东北、西北地区就要考虑低温严寒、风沙等的影响。

④ 变压器高压侧必须配置避雷器：以便与风机的过电压保护装置组成过电压吸收回路。在变压器的绝缘设计上应充分考虑避雷器残压对变压器的影响。

作为风电系统中的关键设备，针对风电系统的特点，风电用组合式变压器技术获得较快发展。风力发电用组合式变压器，是将升压变压器器身、开关设备、熔断器、分接开关及相应辅助设备进行组合的变压器，高压开关、熔断器均进入油箱，整体外形尺寸较小，其结构形式与 20 世纪 90 年代从美国引进的箱式变压器相似，行业内称为"风电美变"。按产品结构及元件配置可分为两种：一种是全绝缘分箱式产品；一种是高压采用瓷套管出线的共箱式产品。

另外，风电用组合式变压器的箱体基本上按照标准组合式变压器的结构形式制造，除需具有足够的机械强度，外形力求美观等外，还应具有抗暴晒、不易导热、抗风化腐蚀及抗机械冲击等特点。箱体需采用片式散热器，外加防护罩的结构。此外，外壳油漆需喷涂均匀，防护等级高，抗暴晒，抗腐蚀，抗风沙，并有牢固的附着力；组合式变压器内部电气设备的装设位置也应易于观察、操作及安全地更换；高压配电装置小室应保证可靠安全，以防误操作等。

3. 开关设备

电力系统运行时，各种电气设备的运行状态及联系可以通过开关电器的分合来实现。常用的开关设备有断路器、隔离开关、熔断器和接触器等。开关电器的分合部分称为触头，动触头与静触头接触，电路接通，称为合闸；动触头与静触头分离，电路断开，称为分闸。当用开关电器切断有电流通过的电路时，在开关触头间就会产生电弧，尽管触头已经分开，但电流通过电弧继续流通，只有触头间的电弧熄灭后电流才真正切断。

电弧的温度很高，很容易烧毁触头或使触头周围的绝缘材料遭受破坏。如果电弧燃烧时间过长，开关内部压力过高，有可能使电器发生爆炸事故。因此当开关触头间出现电弧时必须尽快予以熄灭。

图 6-4　高压断路器

（1）断路器　高压断路器是开关电器中最为完善的一种设备，其最大特点是能断开电路中的负荷电流和短路电流，因此在运行中其开断能力是标志性能的基本指标。所谓开断能力就是指断路器在切断电流时熄灭电弧的能力，以保证顺利地完成分、合电路的任务。图 6-4 为高压断路器。

高压断路器的具体作用介绍如下。

① 控制作用：根据电力系统运行的需要，将部分或全部电气设备，以及部分或全部线路投入或退出运行。

② 保护作用：当电力系统某一部分发生故障时，它和保护装置、自动装置相配合，将该故障部分从系统中迅速切除，减少停电范围，防止事故扩大，保护系统中各类电气设备不受

损坏，保证系统无故障部分安全运行。

高压断路器的主要结构大体分为：导流部分、灭弧部分、绝缘部分、操作机构部分。

按灭弧介质分类有：油断路器、空气断路器、真空断路器、六氟化硫断路器、固体产气断路器、磁吹断路器。

① 油断路器：利用变压器油作为灭弧介质，分为多油和少油两种类型。

② 六氟化硫断路器：采用惰性气体六氟化硫来灭弧，并利用它所具有的很高的绝缘性能来增强触头间的绝缘。

③ 真空断路器：触头密封在高真空的灭弧室内，利用真空的高绝缘性能来灭弧。

④ 空气断路器：利用高速流动的压缩空气来灭弧。

⑤ 固体产气断路器：利用固体产气物质在电弧高温作用下分解出来的气体来灭弧。

⑥ 磁吹断路器：断路时，利用本身流过的大电流产生的电磁力将电弧迅速拉长而吸入磁性灭弧室内冷却熄灭。

（2）隔离开关 隔离开关主要用于隔离电源、倒闸操作，用以连通和切断小电流电路，无灭弧功能，是高压开关电器中使用最多的一种电器。它本身的工作原理及结构比较简单，但是由于使用量大，工作可靠性要求高，对变电所、电厂的设计、建立和安全运行的影响均较大。隔离开关的主要特点是无灭弧能力，只能在没有负荷电流的情况下分、合电路。隔离开关用于各级电压，用作改变电路连接或使线路或设备与电源隔离，它没有断流能力，只能先用其他设备将线路断开后再操作。一般带有防止开关带负荷时误操作的联锁装置，有时需要销子来防止在大的故障的磁力作用下断开开关。图 6-5 为高压隔离开关。

隔离开关的主要功能介绍如下。

① 用于隔离电源，将高压检修设备与带电设备断开，使其间有一明显可看见的断开点。

② 隔离开关与断路器配合，按系统运行方式的需要进行倒闸操作，以改变系统运行的接线方式。

③ 用以接通或断开小电流电路。

（3）熔断器 熔断器是根据电流超过规定值一段时间后，以其自身产生的热量使熔体熔化，从而使电路断开，运用这种原理制成的一种电流保护器。熔断器广泛应用于高低压配电系统和控制系统以及用电设备中，作为短路和过电流的保护器，是应用最普遍的保护器件之一。

图 6-5 高压隔离开关

从结构上看，熔断器可以分为管式熔断器和跌落式熔断器。

① 跌落式熔断器：如图 6-6（a）所示，将熔体装在绝缘管内，当短路电流经过熔体时，熔体随即熔断，绝缘管随即脱开而跌落。

② 管式熔断器：如图 6-6（b）所示，熔体装在熔断体内，然后插在支座或者直接连

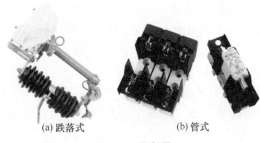

(a) 跌落式   (b) 管式

图 6-6　熔断器

4. 载流导体

电力系统中的电气设备间都需要由载流导体相互连接，以组建电路。风电场中常见的导体有母线、连接导体和输电线路，其中输电线路又可以分为架空线和电缆线路。

（1）母线　母线的作用是将电气装置中各分支回路连接在一起，作为汇集和分配电能的载体，又称汇流母线。在运行中，母线中流过巨大电能，若发生短路事故，相关母线将承担很大的发热效应，故在选取母线材料、截面形状及面积时必须符合相关的要求。

（2）连接导体　连接导体是将发电厂和变电站内部电气设备进行连接的导体。如果为了跨越某一设备或建筑物，可将连接导体提高高度，也称为跳线。

（3）架空线　架空线是通过水泥杆或者铁塔架设在空中的导线，一般采用裸导线。架空线造价低，是目前主要的输电线路形式。

（4）电缆　通常是由几根或几组导线（每组至少两根）绞合而成的类似绳索的电缆，每组导线之间相互绝缘，并常围绕着一根中心扭成，整个外面包有高度绝缘的覆盖层。电缆具有内通电、外绝缘的特征。

5. 并联电容器和电抗器

（1）并联电容器　并联电容器并联在电网上，用来补偿电力系统感性负载的无功功率，以提高系统的功率因数，改善电能质量，降低线路损耗；此外还可以直接与异步电机的定子绕组并联构成自激运行的异步发电装置。

并联电容器主要由电容元件、浸渍剂、紧固件、引线、外壳和套管组成，其结构如图 6-7 所示。

并联电容器按结构可以分为箱式和集合式两种。

（2）电抗器　电抗器是一种电感元件，在电路中可以起到限流、稳流、无功补偿及移相等功能。实际接线图如图 6-8 所示。

串联电抗器的主要作用是限制短路电流，抑制高次谐波和限制合闸涌流，防止谐波对电容器造成危害，避免电容器装置的接入对电网谐波的过度放大和谐振发生，减少电力系统电压波形的畸变，提高电压质量。

并联电抗器的作用主要是用来吸收电网

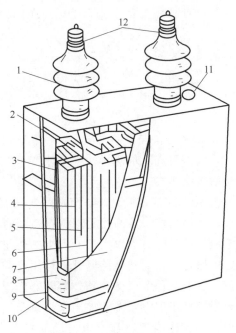

图 6-7　并联电容器结构图

1—出线瓷套管　2—出线连接片　3—连接片

4—电容元件　5—出线连接片固定板

6—组间绝缘　7—包封件　8—夹板

9—紧箍　10—外壳　11—封口盖

12—连线端子

中的容性无功，一般接在超高压输电线的末端和地之间，起无功补偿作用，并联连接在电网中，用于补偿电容电流。

6. 互感器

风电场和电力系统运行过程之中，需要对其运行状态进行监视。而运行中的电气一次系统的电压高、电流大，直接测量难度很大，需要将其转化为较低的电压和较小的电流。

电力系统中的互感器是将电网中的高电压、大电流改变为低电压、小电流的电

图 6-8 电抗器

气设备。可作为二次侧的计量、测量仪表及继电保护自动装置的交流电源。它是一种特殊的变压器，分为电流互感器和电压互感器两种，其基本原理与变压器相似，但又有其特殊性。

（1）电压互感器　电压互感器和变压器很相像，都是用来变换线路上的电压。但是变压器变换电压的目的是为了输送电能，因此容量很大，一般都是以千伏安或兆伏安为计算单位；而电压互感器变换电压的目的，主要是用来给测量仪表和继电保护装置供电，用来测量线路的电压、功率和电能，或者用来在线路发生故障时保护线路中的贵重设备、电机和变压器，因此电压互感器的容量很小，一般都只有几伏安、几十伏安，最大也不超过一千伏安。

电压互感器的基本结构和变压器很相似，它也有两个绕组，一个称为一次绕组，一个称为二次绕组。两个绕组都装在或绕在铁心上。两个绕组之间以及绕组与铁心之间都有绝缘，使两个绕组之间以及绕组与铁心之间都有电气隔离。电压互感器在运行时，一次绕组N1 并联接在线路上，二次绕组 N2 并联接在仪表或继电器上。因此在测量高压线路上的电压时，尽管一次电压很高，但二次却是低压的，可以确保操作人员和仪表的安全。

其工作原理与变压器相同，基本结构也是铁心和原、副绕组。特点是容量很小，且比较恒定，正常运行时接近于空载状态。

电压互感器本身的阻抗很小，一旦副边发生短路，电流将急剧增长而烧毁线圈。为此，电压互感器的原边接有熔断器，副边可靠接地，以免原、副边绝缘损毁时，副边出现对地高电位而造成人身和设备事故。

电压互感器的主要分类如下。

① 按安装地点可分为户内式和户外式。35kV 及以下多制成户内式；35kV 以上则制成户外式。

② 按相数可分为单相和三相式。35kV 及以上不能制成三相式。

③ 按绕组数目可分为双绕组和三绕组电压互感器。三绕组电压互感器除一次侧和基本二次侧外，还有一组辅助二次侧，供接地保护用。

④ 按绝缘方式可分为干式、浇注式、油浸式和充气式。干式电压互感器结构简单，无着火和爆炸危险，但绝缘强度较低，只适用于 6kV 以下的户内式装置；浇注式电压互感器结构紧凑、维护方便，适用于 3～35kV 户内式配电装置；油浸式电压互感器绝缘性

能较好，可用于 10kV 以上的户外式配电装置；充气式电压互感器用于 SF$_6$ 全封闭电器中。

⑤ 按工作原理划分，还可分为电磁式电压互感器、电容式电压互感器和电子式电压互感器。

（2）电流互感器　电流互感器是依据电磁感应原理制成的。电流互感器由闭合的铁心和绕组组成。它的一次侧绕组匝数很少，串在需要测量的电流的线路中，因此它经常有线路的全部电流流过；二次侧绕组匝数比较多，串接在测量仪表和保护回路中，电流互感器在工作时，它的二次侧回路始终是闭合的，因此测量仪表和保护回路串联线圈的阻抗很小，电流互感器的工作状态接近短路。电流互感器是把一次侧大电流转换成二次侧小电流来测量的，二次侧不可开路。

在发电、变电、输电、配电和用电的线路中电流大小悬殊，从几安到几万安都有。为便于测量、保护和控制需要转换为比较统一的电流，如直接测量是非常危险的，电流互感器就起到电流变换和电气隔离作用。

主要分类如下。

① 按安装地点可分为户内式和户外式；

② 按安装方式可分为穿墙式、支持式和装入式；

③ 按绝缘方式可以分为干式、浇注式、油浸式、瓷绝缘式和气体绝缘式以及电容式；

④ 按原绕组匝数可分为单匝式和多匝式。单匝式又分为贯穿型和母线型两种；

⑤ 按用途可分为测量用和保护用两种。

二、主要电气二次设备

1. 继电器

继电器是一种能自动动作的电器，只要加入某种物理量（如电流或电压等），或者加入的物理量达到一定数值时，它就会动作，其常开触点闭合，常闭触点断开，输出电信号，从而实现对电路的"通"、"断"的控制。

按动作原理的不同分为：电磁型、感应型和整流型等。

按反应物理量的不同可分为：电流、电压、功率方向、阻抗继电器等。

按继电器在保护装置中的作用不同可分为：主继电器（如电流、电压和阻抗继电器等）和辅助继电器（如中间、时间和信号继电器等）。

电磁式继电器结构示意图如图 6-9 所示。

（1）电磁式电流继电器　根据线圈中电流的大小而接通和断开电路的继电器称为电磁式电流继电器。使用时电流继电器的线圈与负载串联，线圈匝数较少。常用的有过电流继电器和欠电流继电器两种。

过电流继电器：电路正常工作时，过电流继电器不动作，当电路电流超过整定值时，过电流继电器动作，对电路实现过电流保护。

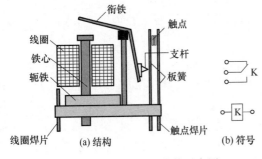

图 6-9　电磁式继电器结构示意图

欠电流继电器：电路正常工作时，欠电流继电器吸合，当电路电流减小到整定值以下时，欠电流继电器动作，对电路实现欠电流保护。

电流继电器电气符号如图 6-10 所示。

（2）电磁式电压继电器　电磁式电压继电器根据其线圈两端电压的高低而接通或断开电路。实际使用时，电磁式电压继电器的线圈与负载并联。常用的有过电压继电器和欠电压继电器两种。

过电压继电器：电路正常工作时，过电压继电器不动作，当电路电压超过整定值时，过电压继电器动作，对电路实现过电压保护。

欠电压继电器：电路正常工作时，欠电压继电器吸合，当电路电压减小到整定值以下时，欠电压继电器动作，对电路实现欠电压保护。

电压继电器电气符号如图 6-11 所示。

图 6-10　电流继电器电气符号　　　　图 6-11　电压继电器电气符号

（3）中间继电器　用以同时接通或断开几条独立回路和用以代替小容量触点，以增加触点的数量和容量，在保护中起中间桥梁作用。电气符号及实物图如图 6-12 所示。有如下特点。

① 触点容量大，可直接作用于断路器跳闸；

② 触点数目多；

③ 可实现时间继电器难以实现的短延时；

④ 可实现保护装置电流启动、电压保持或电压启动、电流保持。

符号　　　　　　　　实物图

图 6-12　中间继电器电气符号及实物图

（4）时间继电器　时间继电器是指当加入（或去掉）输入的动作信号后，其输出电路需经过规定的准确时间才产生跳跃式变化（或触头动作）的一种继电器。这是一种使用在较低的电压或较小电流的电路上，用来接通或切断较高电压、较大电流的电路的电气元件。同时，时间继电器也是一种利用电磁原理或机械原理实现延时控制的控制电器。它的种类很多，有空气阻尼型、电动型和电子型等。电气符号及实物图如图 6-13 所示。

（5）信号继电器　信号继电器用以在保护动作时，发出灯光和音响信号，并对保护装置的动作起记忆作用，以便分析保护装置的动作情况和电力系统的故障性质。电气符号及实物图如图 6-14 所示。

符号　　　　　　　结构图　　　　　　　　　　实物图

图 6-13　时间继电器电气符号及实物图

符号　　　　　　　　　　　　实物图

图 6-14　信号继电器电气符号及实物图

2. 接触器

接触器是指在电路中利用线圈流过电流产生磁场，使触头闭合，以达到控制负载的电器。

在电气二次回路中，接触器常用于断路器的合闸，其线圈接于断路器的操作回路，触点接入合闸回路，用以分合较大的合闸电流。

接触器的原理和继电器相似。电气系统中常用的电磁型接触器，同样是依靠线圈带电来吸附触点的分合。与继电器相比，接触器的触点容量更大，可以通过较大电流。为了保证能对较大电流进行分合，接触器一般装设有灭弧装置。

3. 小母线

在一次回路中，母线能实现电能的汇集和分配，在二次回路中，小母线实现类似的功能，不同的是，小母线也可以实现集中分配信号的作用。

小母线可以分为以下几类：直流电源小母线、交流电压小母线、辅助小母线。

4. 连接导体和接线端子

继电器、接触器、控制开关、指示灯、各类自动装置的连接需要依靠导体和接线端子来实现。一般可以分为以下几类。

① 绝缘导线：用作屏柜或者内部装置的连线。

② 控制电缆：用作屏柜之间、室内外之间的二次设备的连线。

③ 接线端子：用作连接屏柜内部和外部的连接元件，通常成组排列，形成端子排，以实现集中连接。

三、电气主接线

发电厂的电气主接线是电力系统接线的重要组成部分，它是由规定的各种电气设备的图形符号和连接线组成的表示接收和分配电能的电路。它不仅表示各种电气设备的规格、数量、连接方式和作用，而且反映了各电力回路的相互关系和运行条件，从而构成了发电厂电气部分的主体。拟定一个合理的电气主接线方案，对电力系统整体及发电厂、变电所的电气设备选择，配电装置布置，继电保护配置和控制方式等都有重大的影响。

1. 电气主接线概述

发电厂的电气主接线是指由发电机、变压器、断路器、隔离开关、电抗器、电容器、互感器、避雷器等高压电气设备以及将它们连接在一起的高压电缆和母线等一次设备，按其功能要求通过连接线连成的用于表示电能的生产、汇集和分配的电气主回路电路。通常也称之为电气一次接线或电气主系统、主电路。

用规定的设备图形和文字符号，按照各电气设备实际的连接顺序绘成的能够全面表示电气主接线的电路图，称为电气主接线图。主接线图中还标注出了各主要设备的型号、规格和数量。因为三相系统是对称的，所以主接线图常用单线来代表三相接线（必要时某些局部可绘出三相），也称为单线图。

发电厂的电气主接线可有多种形式，选择何种电气主接线是发电厂电气设计中的重要问题，对各种电气设备的选择、配电装置的布置、继电保护和控制方式的拟定等都有决定性的影响，并将长期地影响电力系统运行的可靠性、灵活性和经济性。

2. 电气主接线的主要作用

① 电气主接线图是电气运行人员进行各种操作和事故处理的重要依据，因此电气运行人员必须熟悉本厂的电气主接线图，了解电路中各种电气设备的用途、性能及维护、检查项目和运行操作的步骤等。

② 电气主接线表明了发电机、变压器、断路器和线路等电气设备的数量、规格、连接方式及可能的运行方式。电气主接线直接关系着全厂电气设备的选择、配电装置的布置、继电保护和自动装置的确定，是发电厂电气部分投资大小的决定性因素。

③ 电能生产的特点是发电、变电、输电和供、用电是在同一时刻完成的，所以电气主接线直接关系着电力系统的安全、稳定、灵活和经济运行，也直接影响到工农业生产和人民生活。

3. 对电气主接线的基本要求

① 保证必要的供电可靠性。

② 具有一定的灵活性。

③ 保证维护及检修时安全、方便。

④ 尽量减少一次投资和降低年运行费用。

⑤ 必要时要能满足今后扩建的需求。

4. 电气主接线主要形式概述

发电厂的电气主接线，因建设条件、能源类型、系统状况、负荷需求等多种因素而异。典型的电气主接线可分为有母线和无母线两类。有母线类主要包括单母线接线、双母线接线等。无母线类主要包括桥形接线、多角形接线等。具体形式很多，如图 6-15 所示。

5. 风力发电厂主接线实例

（1）风电机组的电气接线　风电机组，除了风力机和发电机之外，还包括电力电子换流器（也称为变频器）和对应的机组升压变压器。目前，风电场的主流风电机本身输出电压为 690V，经过机组升压变压器将电压升高到 10kV 或者 35kV。一般可把电力电子换流器和风电机看作一个整体，这样风电机组的接线大都采用单元接线，如图 6-16 所示。

大部分情况下，一台风电机组配备一台变压器。

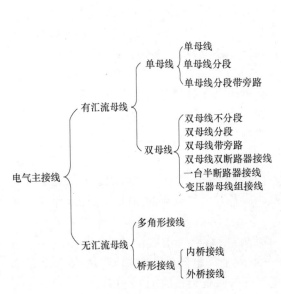

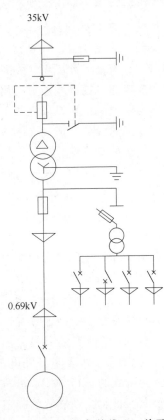

图 6-15 电气主接线分类　　　　　　图 6-16 风电机组电气接线——单元接线

（2）风电场集电环节及其接线　集电系统的作用是将风电机组生产的电能收集起来。通常按组收集。一般每 3～8 台风电机组的集电变压器集中放在一个箱式变电所中，每一组的多台风电机组输出，一般可在箱式变电所中各极端变压器的高压侧，由电力电缆直接并联。风电场集电环节的电气主接线通常为单母线分段接线，如图 6-17 所示。

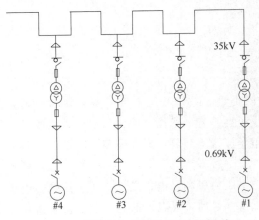

图 6-17 风电场集电环节的电气主接线

（3）风电场升压变电站的电气主接线　升压变电站的主变压器负责将集电系统汇集的电能再次升高。较大规模的风电场一般要将电压升高到 110kV 或者 220kV 接入电力系统，对于规模更大的风电场，如百万千瓦级别的风电场，可能需要进一步升压到 500kV 甚至更高。根据风电机组的分组数量，风电场升压站的电气主接线一般采用单母线或者单母线分段接线，对于特大型风电场，还可以采用双母线等接线方式。如图 6-18 所示，为某风电场升压变电站的电气主接线图。

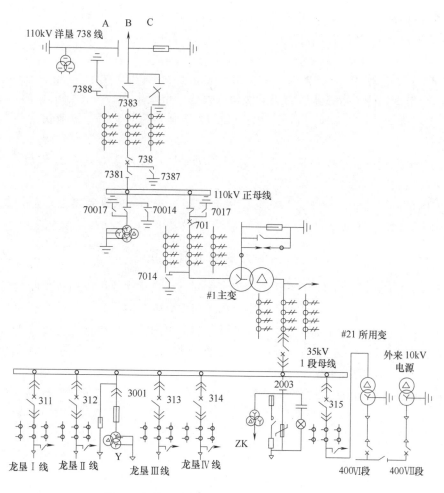

图 6-18 某风电场升压变电站的电气主接线图

第二节 电力系统负荷曲线

一、电力系统负荷的定义

电力系统的负荷就是系统中千万个用电设备消费功率的总和。系统中所有电力用户的用电设备所消耗的电功率总和就是电力系统负荷（综合用电负荷），它是把不同地区、不同性质的所有用户的负荷加起来而得到的。电力系统中的主要用电设备包括异步电动机、同步电动机、电热装置、整流装置和照明设备等。不同的行业中，这些用电设备的比例也不同。

二、负荷的分类

（1）按物理性能划分

① 有功负荷：指电能转换为其他能量，并在用电设备中真实消耗掉的能量，如照明设备，单位为"kW"。

② 无功负荷：在电能输送和转换过程中，需要建立磁场而消耗的动能，它仅完成电磁能量的相互转换，并不做功，因而称为"无功"，如电动机、变压器和整流装置等，单位为 kvar。

（2）按电能划分

① 综合用电负荷：指工业、交通运输业、农业、市政生活等各方面消耗的功率之和。根据用户的性质，用电负荷又可以分为工业负荷、农业负荷、交通运输业负荷和人民生活用电负荷等。

② 供电负荷：综合用电负荷加上电力网的功率损耗就是各发电厂应该供给的功率，称为电力系统的供电负荷。

③ 发电负荷：供电负荷再加上发电厂用电消耗的功率，就是各发电厂应该发出的功率，称为电力系统的发电负荷。

三、电力系统负荷曲线

实际的系统负荷是随时间、季节、气候变化的，其变化规律可以用负荷曲线来描述。

按负荷种类可以分为有功功率负荷曲线和无功功率负荷曲线；按时间长短可以分为日负荷曲线和年负荷曲线；按描述的负荷范围可分为个别用户、电力线路、变电所、发电厂以至整个系统的负荷曲线。上述三种特征相结合，就确定了某一种特定的负荷曲线，如电力系统的有功功率日负荷曲线。

下面介绍最常用的电力系统中的有功日负荷曲线、有功年最大负荷曲线以及年持续负荷曲线。

（1）日负荷曲线

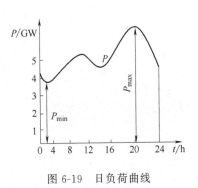

图 6-19 日负荷曲线

① 基本概念：电力系统负荷在一天 24h 内变化的规律称为日负荷曲线，如图 6-19 所示。

日负荷曲线中的最大值 P_{max} 称为日最大负荷/尖峰负荷/峰荷。

日负荷曲线中的最小值 P_{min} 称为日最小负荷/谷荷。

为了方便计算，实际上常把连续变化的曲线绘制成阶梯形。

② 日平均负荷：有功功率日负荷曲线所包围的面积即为电力系统日用电量 W_d，即

$$W_d = \int_0^{24} P dt \tag{6-1}$$

因此日平均负荷 P_{av} 为

$$P_{av} = \frac{W_d}{24} = \frac{1}{24} \int_0^{24} P dt \tag{6-2}$$

为了说明负荷曲线的起伏特性，常引用两个系数来描述，即负荷率 k_m 和最小负荷系数 α。

$$k_m = \frac{P_{av}}{P_{max}} \tag{6-3}$$

$$\alpha = \frac{P_{min}}{P_{max}} \tag{6-4}$$

负荷率 k_m 越小，表明负荷曲线起伏大，发电机的利用率较差。

这两个系数不仅用于日负荷曲线，也可用于其他时间段的负荷曲线。

③ 用途：日负荷曲线对电力系统的运行非常重要，它是安排日发电计划和确定系统运行方式的重要依据。

（2）年负荷曲线　在制定电力系统规划时，不仅需要了解日负荷变化规律，而且还要了解一年或更长时间的最大负荷变化和增长的规律。因此，年最大负荷曲线也就被提出。

① 年最大负荷曲线：把一年内每月（或每日）的最大负荷抽取出来按年绘成曲线，描述一年内每月（或每日）最大有功功率负荷的变化，为年最大负荷曲线，如图 6-20 所示。

其中年末最大负荷大于年初最大负荷的部分为年增长；低谷时段常用于安排发电设备的检修。年最大负荷曲线用来安排发电设备的检修计划，同时也为制订发电机组或发电厂的扩建或新建计划提供依据。

② 年持续负荷曲线　按一年中系统负荷的数值大小及其持续小时数顺序排列而绘制成的曲线称为年持续负荷曲线，如图 6-21 所示。在安排发电计划和进行可靠性估算时，常用到这种曲线。

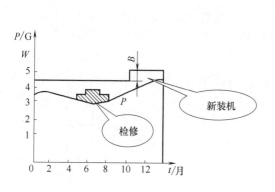

图 6-20　年最大负荷曲线

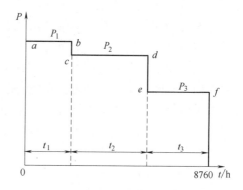

图 6-21　年持续负荷曲线

作用：由年持续负荷曲线可以安排发电计划、进行可靠性评估、负荷预测（短期、中期、长期）等工作。无功功率负荷曲线不如有功功率曲线那样用得普遍，只是在进行系统无功功率平衡时才予以注意。

根据年持续负荷曲线可以确定系统负荷的全年耗电量为

$$W = \int_0^{8760} P \mathrm{d}t \tag{6-5}$$

如果负荷始终等于最大值 P_{max}，经过 T_{max} 小时后所消耗的电能恰好等于全年的实际耗电量，则称 T_{max} 为最大负荷利用小时数，即

$$T_{max} = \frac{W}{P_{max}} = \frac{1}{P_{max}} \int_0^{8760} P \mathrm{d}t \tag{6-6}$$

利用 T_{max} 可以近似估算用户的全年耗电量。

（3）负荷曲线的作用

① 运行方式的安排。

② 对设备用电安全的监视。

③ 无功功率统计和无功功率平衡。

④ 电网损失的统计。

⑤ 负荷预测。

四、负荷特性与负荷模型

电力系统中每一个变电所供电的众多用户常用一个等值负荷 $P+jQ$ 表示，称为综合负荷。一个综合负荷包括的范围随所研究的问题而定，例如，着重研究电力系统中 110kV 及以上电压等级的电力网时，可将 110kV 变电所二次侧母线的总供电功率用一个综合负荷表示。因此综合负荷可能代表一个企业，或一个工业区、一个城市甚至一个广大地区的总用电功率。各个综合负荷功率大小不等，成分各异。

（1）负荷特性　综合负荷的功率一般随系统的运行参数（主要是电压和频率）的变化而变化，反映这种变化规律的曲线或数学表达式称为负荷特性。

电力系统负荷特性是指负荷功率随电压或频率变化而变化的规律，包括静态特性和动态特性两类。

电压与频率缓慢变化时（稳态）负荷功率与负荷端母线电压或频率的关系为静态特性。

负荷端母线电压或频率在急剧变化过程中负荷功率与电压或频率的关系为动态特性。

当频率维持额定值不变时，负荷功率与电压的关系称为负荷的电压静态特性。

当负荷端电压维持额定值不变时，负荷功率与频率的关系称为负荷的频率静态特性。

（2）负荷模型　负荷模型是指在电力系统分析计算中对负荷特性所做的物理模拟（等值电路）或数字描述。由于不同综合负荷包含的各种负荷成分所占的比例可能差异很大，而在不同时刻、不同季节及在不同气象条件下，同一个综合负荷的各种负荷成分的比例也是变化的，所以要建立一个实用而准确的综合负荷模型是相当困难的。

通常将综合负荷模型分为动态模型和静态模型。动态模型描述电压和频率急剧变化时，负荷有功功率和无功功率随时间变化的动态特性，它可表示为

$$P = F_P(t, V, f, dV/dt, df/dt, \cdots)$$
$$Q = F_Q(t, V, f, dV/dt, df/dt, \cdots) \tag{6-7}$$

由于负荷中异步电动机的比例相当大，所以负荷的功率不仅与电压 V、频率 f 有关，而且与电压、频率的变化速度有关。如何建立综合负荷动态特性的数学关系式，至今仍然是一个困难的问题。

综合负荷的静态模型描述有功功率和无功功率稳态值与电压及频率的关系，可表示为

$$P = F_P(V, f)$$
$$Q = F_Q(V, f) \tag{6-8}$$

式（6-8）称为负荷的静态特性。

综合负荷的电压和频率静态特性，可以根据各个基本负荷成分的静态特性方程式或实测曲线用统计方法综合起来得到，或者实际测量。

综合负荷用静态特性表示的模型用于电力系统正常稳态工况的计算，也可用于电压和频率变化缓慢的暂态过程计算。

在短路和稳定计算中，负荷常用等值电路表示。最常用的综合负荷等值电路有：含源等值阻抗（或导纳）支路、恒定阻抗（或导纳）支路、异步电动机等值电路（即阻抗值随

转差而变的阻抗支路）以及这些电路的不同组合。

在潮流计算时负荷常用恒定功率表示。

实际上，由于综合负荷所代表的用电设备数量大、分布广、种类繁多，其工作状态又带有很大的随机性和时变性（甚至时跃变性），如何建立一个既准确又实用的负荷模型，至今仍是一个尚未很好解决的困难问题。

第三节　电力系统中各类电源的运行特性

在电力系统中，由电源供给负载的电功率有两种：一种是有功功率，一种是无功功率，按此分类，我们可以将电力系统中的电源分为两大类，即有功电源和无功电源。

一、有功电源

有功功率是保持用电设备正常运行所需的电功率，也就是将电能转换为其他形式能量（机械能、光能、热能）的电功率。比如，5.5kW 的电动机就是把 5.5kW 的电能转换为机械能，带动水泵抽水或脱粒机脱粒；各种照明设备将电能转换为光能，供人们生活和工作照明。

对于电力系统来说，只有一种有功电源，即发电机，也就是说，发电机是唯一的有功功率电源。在电力系统中，只有发电厂才能生产有功功率，然后通过电网传输到用户侧来使用。

电力系统中按电厂的发电方式，有火力发电、水力发电、核能发电、地热发电、风力发电及太阳能发电等。在研究中的发电电源还包括磁流体发电和燃料电池等。

风力发电厂利用自然界的风力推动风电机组发电。风电机组有多种形式，可以按照其运行方式、控制原则或拓扑结构等不同方法进行分类。按叶片数量分有单叶片风电机组、双叶片风电机组和多叶片风电机组；按转轴方向分有水平轴风电机组和垂直轴风电机组；按叶片与风向的关系分有上风向风电机组和下风向风电机组；按风力机叶片的控制方式有定桨距风电机组和变桨距风电机组；按转速变化情况分有恒速风电机组和变速风电机组；按采用的发电机分有异步风电机组、同步风电机组、双馈风电机组和永磁风电机组等；按运行方式分有离网型风电机组和并网型风电机组。经长时间研究和实践，风电机组当前发展的主流趋势是三叶片、水平轴、上风向、变桨距、变速、双馈、并网型风电机型。

二、无功电源

无功功率比较抽象，它是用于电路内电场与磁场的交换，并用来在电气设备中建立和维持磁场的电功率。它不对外做功，而是转变为其他形式的能量。凡是有电磁线圈的电气设备，要建立磁场，就要消耗无功功率。比如 40W 的日光灯，除需 40 多瓦有功功率（镇流器也需消耗一部分有功功率）来发光外，还需 80var 左右的无功功率供镇流器的线圈建立交变磁场用。由于它不对外做功，才被称之为"无功"功率。

无功功率不是无用功率，它的用处很大。电动机需要建立和维持旋转磁场，使转子转动，从而带动机械运动，电动机的转子磁场就是靠从电源取得无功功率建立的。变压器也同样需要无功功率，才能使变压器的一次线圈产生磁场，在二次线圈感应出电压。因此，没有无功功率，电动机就不会转动，变压器也不能变压。

对于无功功率来说，除了发电机之外，还有调相机、电容器和静止补偿器等可以发出无功功率，称之为无功电源。

（1）发电机　发电机是唯一的有功功率电源，但同时，它也是最基本的无功功率电源。我国的工业标准规定，同步发电机的额定功率因数为 0.8，也就是说，当同步发电机在额定工况下运行时，其发出的无功功率为有功功率的 3/4。当电力系统中有一定备用有功电源时，可以让离负荷中心近的发电机运行在稍低于额定功率因数的工况，适当多发一些无功功率，少发一些有功功率，这样有利于提高电力系统的电压水平。

（2）同步调相机　同步调相机是空载运行状态下的同步电动机。作为无功功率电源，它有两种运行状态：欠激运行状态和过激运行状态。

欠激运行：此时调相机向电力系统提供感性无功功率。

过激运行：此时调相机从电力系统吸收感性无功功率。

可以通过改变同步调相机的励磁，实现平滑地改变它的无功功率的大小和方向，这对于电力系统的电压调节有重要意义。同步调相机适合于大容量集中使用，通常安装于枢纽变电站中，以便平滑地改变系统电压和提高系统稳定性。其缺点是投资较大，日常运行维护费用较高。

（3）并联电容器　并联电容器可以向电力系统中提供感性的无功功率。在实际使用中，可以根据需求将许多电容器连接起来使用，因此其具有很强的灵活性：容量可大可小，既可集中使用也可分散使用，运行十分灵活，且价格便宜，安装维护也较为简单。但电容器的无功功率调节功能较差。

电容器输出的无功功率 Q 与其端电压的平方成正比，即

$$Q=\frac{U^2}{X} \tag{6-9}$$

式中　X——电容器的容抗

　　　　U——加在电容器上的电压

（4）静止无功功率补偿器　静止无功补偿器（SVC）于 20 世纪 70 年代兴起，现在已经发展成为很成熟的 FACTS 装置，其被广泛应用于现代电力系统的负荷补偿和输电线路补偿（电压和无功补偿）。

电容器只能发出感性无功功率，而电抗器只能吸收感性无功功率，将二者结合起来，对其容量加以控制，起的作用就类似于调相机，静止无功功率补偿器就是基于上述原理构成的无功功率电源。它有较好的调节性能，使用方便、可靠，经济性能也较好。主要可以分为直流助磁饱和电抗器型、可控硅控制电抗器型和自饱和电抗器型三种。

（5）各种无功功率电源性能的比较

① 同步发电机：无需额外投资，可吸可发无功功率，能够实现平滑调节，安装在各个发电厂。

② 同步调相机：投资大，日常运行维护费用较高，可吸可发无功功率，能够实现平滑调节，通常安装在枢纽变电站中。

③ 静止无功功率补偿器：投资较大，可吸可发无功功率，能够实现平滑调节，通常安装在枢纽变电站中。

④ 并联电容器：投资较小，使用灵活，只能发出无功功率，广泛使用在各变电站及大用户处。但其输出的无功功率与电压平方成正比，导致其电压调节能力较差。

第四节 风电场接入电力系统

一、电力系统对风电场并网的要求

电网的主要目标是经济、可靠地将发电厂发出的功率送到分散的各个用户。现代电网要适应社会发展的需要，保证良好的电能质量，提高电网运行的经济性，必须实行统一调度，分级管理。常规电厂并网运行要满足发电厂与电网并网运行的有关规定，其中包含以下几个要求。

① 不同类型和不同规模电厂接入不同电压等级的电网。

② 为保证电网安全运行而要求发电厂加装有关设备（稳定控制装置、补偿装置、自动发电控制装置等）。

③ 继电保护和安全自动装置具备投运条件。

④ 电力电量测量装置的技术等级符合国家有关规定并验收合格。

⑤ 电厂与电网调度的通信系统已建成等。

风电在电力系统的集成或并网，在世界的大部分地区，目前仅仅是电力总需求的小部分。只有在德国、丹麦、西班牙等部分电网中，风能供给在总电能需求方面占有较大比例，甚至某些电力系统中风电的平均年穿透水平达50%以上，在大风时风电甚至能满足这部分电网的全部负荷需求并输出到邻近电网。

现有互联电力系统中，如果集成高的风电穿透水平（20%～30%），则可能需要对现有电网及其运行方式进行重新设计。但这主要涉及经济问题而非技术问题。对于多数电力系统，当前的挑战不是突然要解决很高的风电穿透水平，而是需要处理风电的逐步增加。

风电集成到电力系统的问题可分为两个方面：一是如何保持电力系统所有用户可接受的电压水平，即用户应当能够继续使用他们曾经使用过的同样的设备；二是如何保持电力系统功率平衡，也就是风力发电和其他发电机如何满足用户的需求。

一般电力系统始终面临这些基本问题。当电力系统引入不灵活的核电时，基于安全考虑，不允许核电频繁调节，而负荷随时在变化，因此，必须同时增加其他能灵活调控的电源，如水力发电厂。在日本，为了提高核电的穿透水平，建设了一批十分灵活的抽水蓄能电站。我国在建大亚湾核电站时，配套建设了广州抽水蓄能电站；而天荒坪抽水蓄能电站则是秦山核电站的配套工程。

与风电有关的并网问题很多取决于现有电力系统的具体情况。电力工程师们长期使用的一般方法也可以应用于风电的并网，当然其中有些方法可能需要修改，使得电力系统的设计和运行能够满足用户的需要。

并网规范要求的目标是要保证风电场不会对与供电安全性、可靠性和电能质量等有关的电力系统运行产生不利的影响。风电技术在不断发展，风电场并网规范也随着风电水平的增加和风能技术的发展并行地不断修改。现有风电系统技术的变化也反映了电网规范发展的历史。

电网规范和其他技术要求应当反映实际的技术需要，并且由电网公司、发电公司和管理机构之间以合作的方式制定。

欧洲风能协会报告的电网规范对风力机的基本要求列于表 6-1 中。基本的电网规范要求与频率、电压和电网故障下的风电机特性有关。各国的风电联网规范有很大不同，取决于风电穿透水平和电力系统鲁棒性和灵活性，以及系统运行人员的经验、知识和政策。

一般风电机组或风电场联网，要增加下列要求和规范。

① 故障穿越能力：在电网故障期间维持风力机并网运行。

② 并列控制：风力机能在 47~52Hz 范围内运行（50Hz 电网）。

③ 有功功率控制：在频率变化（波动）期间能控制有功功率。

④ 爬坡速率控制：限制发电机/风电场的功率增/减某个速率。

⑤ 无功功率控制：根据电力系统要求发出或吸收无功功率。

⑥ 电压控制：根据电网量测，通过调节无功功率支持电网电压。

一般来说，风能工业有能力遵循新的并网规范所增加的要求。然而，为了满足新规范的要求，就要显著增加风力机和风电场的成本。因此，增加并网规范要求以满足电力系统安全运行要求为宜。也就是说，风电少的国家和地区电网不必采用所有上述新要求的并网规范。

表 6-1　　　　　　　　　　　　电网规范对风电机组的基本要求

项　目	要　求
有功功率控制	为了保证系统频率稳定和避免线路过负荷等，电网规范要求积极的风电场功率控制，但不同系统的网络规范要求的功率调节程度方面是相当不同的
频率控制	电力系统频率保持在可接受的限制内，以保证安全供电和避免电气设备过负荷和满足电能质量标准
频率和电压范围	当电压和频率偏离正常值的时候，系统能继续运行
电压控制	通过调节无功功率支持电网电压，及需要无功功率补偿
电压质量（快速变化、闪变和谐波）	这是包含在国家规范中的一整套不同的要求
变压器分接头转换	有些网络规范要求风电场安装分接头可调的联网变压器，以便在需要的时候能够改变风电场和电网之间的电压比
风电场保护	这类要求是专门满足电网中可能发生故障或扰动的情况。继电保护系统应当能在故障期间和故障后的大的短路电流、低电压/过电压情况下动作，它应保证风电场遵循正常电网运行的要求和在故障期间及故障后支持电网。风电场应对来自电网故障影响的危害应当同样的安全
风电场模型和确认	某些规范要求风电场拥有者/开发商提供模型和系统数据，能使运行人员通过仿真研究风电场和电力系统之间的相互作用。它们也要求安装监控设备以检验故障期间风电场的实际特性，并核对模型
通信和外部控制	不同于上述要求，国家规范在这点上是完全一致的。风电场运行人员应当提供关于许多参数的重要信号，使系统运行人员能正确地运行电力系统（代表性的有电压、有功功率和无功功率、运行状态、风速和方向等）。此外，有的要求能从外部连接和断开风力机

二、风电场接入电网的各种方案及原理

1. 直接交流联网

风电场与交流电网的接入方案有两种。

方案一：风电机所发的电力经风电场升压站送电线路就近 T 接或 π 接在电力系统线路上，如图 6-22 所示。

本方案的占用资金比例较小。同时，风电场装机容量的大小对电力系统 A 处的继电保护配置以及功率潮流方向都会有不同的影响。假设风电容量为 P_W，当地负荷为 P_L，当 P_W 小于 P_L 时，本线路系统功率的流动方向不改变，从 A 处流向 B 处的功率汇同风电功率一同流向 C 处，对

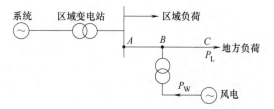

图 6-22　风电场与交流电网的接入方案一

系统潮流方向基本无影响。当 P_W 略大于 P_L 时，一部分风电功率从 B 处流向 C 处满足地方负荷，另一部分风电功率从 B 处流向 A 处进入系统。由于风资源的风速、风向变化的随机性，该电源点功率潮流方向将随风速、风向的变化而变化，因而会对线路的功率潮流方向控制及 A 处继电保护配置的正确整定带来困难，并有可能影响系统的安全稳定运行，因此 A 处继电保护配置应进行随机调整。当 P_W 远远大于 P_L 时，线路的潮流方向比较固定，即风电功率的潮流方向，小部分从 B 处流向 C 处满足地方负荷，大部分从 B 处流向 A 处进入系统，A 处的继电保护配置不需要进行调整。

方案二：将风电机所发的电力经风电场升压站送电线路接入当地最近的区域中心负荷变电站，给区域负荷中心供电，如图 6-23 所示。

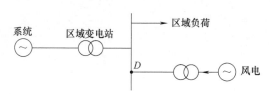

图 6-23　风电场与交流电网的接入方案二

本方案所占用的资金比例相对较高。但由于风电场升压站及连接系统的送电线路是按风电场的最终装机容量以及线路电压参数满足风电机组运行作为设计依据进行建设的，因而无论风电场的风电机组运行方式如何变化，都不会如方案一中受条件限制。风电场的升压送出线路与系统的连接点 D 处的功率潮流方向基本不发生变化，只是功率的大小随着风速、风向的随机性变化而变化，D 处的继电保护配置基本不需作调整。故接线方案二适合在大容量风力发电场升压站中采用。

2. 常规高压直流联网

为了提高输电能力、系统的可靠性和稳定性，高压直流输电（HVDC）技术是一种理想的选择。图 6-24 是风电场通过常规高压直流联网的方案。

本方案中，风电场发出的电力在 110kV 交流母线汇集，经整流后通过直流输电线送出。在交流电网处，逆变成交流电后送入交流电网。

HVDC 输电的核心是相控变换器，其原理是：以交流母线电压过零点为基准，经一定时延后触发导通相应阀，通过同一半桥上两个同时导通的阀与交流系统形成短时的两相短路，当短路电流使先导通阀上流过的电流小于阀的维持电流时，阀关断，直流电流经新导通阀继续流通。通过顺序发出的触发脉冲形成一定顺序的阀的通与断，从而实现交流电与直流电的相互转换。

3. 轻型高压直流联网

风电场通过轻型高压直流联网的方案如图 6-25 所示。轻型直流输电系统主要由换流

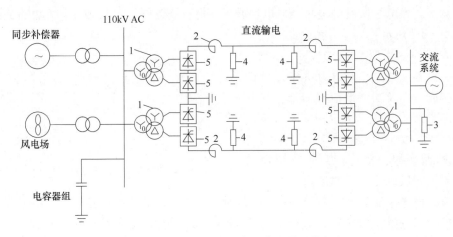

图 6-24 风电场通过常规高压直流联网的方案

1—换流变压器 2—平波电抗器 3—交流滤波器 4—直流滤波器 5—三相全波桥式换流电路

站和直流输电线路组成，其中，送端和受端变换器均采用 VSC，变换器由换流桥、换流电

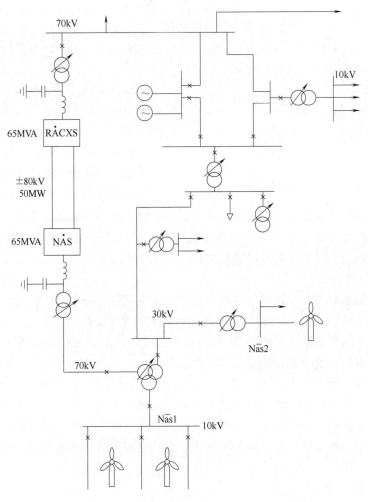

图 6-25 风电场通过轻型高压直流联网的方案

抗器、直流电容器和交流滤波器组成。换流桥每个桥臂均由多个高频开关器 IGBT 串联而成。换流电抗器是 VSC 与交流侧能量交换的纽带，同时也起到滤波的作用。直流电容器的作用是为逆变器提供电压支撑、缓冲桥臂关断时的冲击电流、减小直流侧谐波。交流滤波器的作用是滤除交流侧谐波。

第五节　含风电场的电力系统及其运行方式

一、含风电场的电力系统简介

集成的风力发电可以连接于高中压配电网向地区负荷电，也可以直接连接于输电网向远方负荷中心供电。如图 6-26 所示的电气图为一典型的含风电场的电力系统。

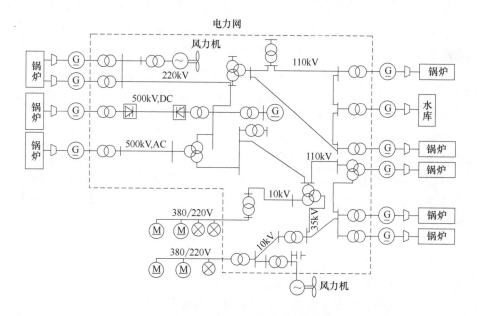

图 6-26　含风电场的典型电力系统

风电集成到电力系统，对发电系统、输电系统和配电系统产生了不同范围和程度的影响。

（1）发电系统　风力发电和常规发电（火力发电厂、水力发电厂和核电站）存在不同的特点。

① 常规发电厂是高度集中的单机容量为数百甚至上千兆瓦的大机组；风力发电是相对分散的、单机容量数百千瓦到数兆瓦的小机组。

② 常规发电机组为同步发电机，发出的交流电可以直接与同步交流电网相连；而风电机有同步发电机也有异步发电机，有的可以直接接入交流电网，有的要经电力电子变换器变换后才能接入同步交流电网，特别是兆瓦级风电机。

③ 常规发电机的动力资源是稳定可靠的；而一台风电机的风能资源是易变和难以控制的，可靠性较差。

④ 常规电厂运行和控制技术经过长期发展和实践已相当成熟，其发电输出是可以计划和调度的；而风力发电厂控制技术和运行经验的积累相对不够，其发电输出目前大多难以计划和调度。

（2）供电与配电系统　我国的高压配电网电压为 35kV、66kV、110kV，配电网是 10kV 及其以下电网。发电系统生产的电能经高压传输到负荷中心时，要降到用户用电器合用的电压水平。这是通过供、配电网络来实现的。对于配电系统，要求有高供电可靠性和合格的电能质量，在电压水平、电压波形的突变与闪变、谐波含量等电能质量指标方面满足规程要求。

中、小风电场一般连接于供、配电系统。风力发电对供、配电网的影响也就是对局部电网的影响，是对风电机或风电场电气上邻近的范围内的影响。风电场对供配电系统的局部影响有以下几方面：①支路电流和节点电压；②保护方案、故障电流和开关设备的额定值；③谐波畸变；④闪变等。

（3）输电系统　风电有的接入配电网，有的接入输电网，都对输电系统有影响。

风电对输电系统的影响也就是对系统整体行为的影响。这种影响不能归结于个别风电机或风电场，而是与系统中风电的穿透水平，即风电对实际负荷的贡献有很大关系。

笼型异步发电机采用定速风力机，可能导致电压和转子速度不稳定。故障期间，由于从风中汲取的机械功率和输送到电网的电功率之间的不平衡，风电机将加速。当电压恢复时，它们从系统吸收许多无功功率，阻碍电压的恢复。当电压不能足够快地得到恢复时，风力机将继续加速并吸收大量无功功率，最终将导致电压和转子速度不稳定。与此相反，在低压下同步发电机的励磁机会增加无功功率输出，因而能加速故障后电压的恢复。

变速风力机的电力电子装置对电压跌落引起的过电流的敏感性可能对电力系统稳定性产生不利的影响。当系统中变速风力机容量比例较高（穿透水平高）时，目前在相对小的电压跌落时它们就从系统中断开（脱网），从而使得广域内的电压跌落可能导致大的发电缺额。这样的电压跌落是由输电网中的故障引起的。为了防止这种情况出现，一些电网公司和输电系统运行人员已改变他们对风电并网的要求，他们要求风力机必须能承受电压跌落一定幅值和持续时间，以避免故障时大量风电从系统中断开。

风电对无功功率和电压的影响首先是风力机不都能够改变它的无功输出。其次，与常规发电比较，风电的配置地点不很灵活，风力机必须安装在风资源好的位置；风电影响景观，只能在对景观没有大问题的地方建设风电。满足这两个条件的位置从网络电压控制的观点看并不是必定有利的位置。在选择常规发电厂位置时电压控制是比较容易考虑的，因为常规发电厂有较好的厂址灵活性。再次，风力机与系统的耦合相对较弱，因为它的输出电压是相当低的，且它们通常安装在偏远的地方，这进一步降低了它对电压控制的贡献。当常规同步发电机由风电机替换为远方位置的大风电场时，显然必须考虑电压控制问题。

风电对频率控制和负荷跟踪的影响是由风力不可控的原动机引起的，因此风电对一次频率调节几乎没有贡献。而且较长时期（15min～1h）的风的易变性使得用系统中常规发电机组进行负荷跟踪变得复杂，因为采用这些机组得到的需求曲线（它们等于系统负荷减去风力发电）比没有风电时不平稳得多，会严重地影响常规发电机组的调度。

值得注意的是，大量风电机综合的短期（＜1min）输出功率波动较平稳，通常认为不成问题。风电的功率波动是由湍流引起的，是一种随机量，而当考虑许多风力机同时发电时使这种波动变得平坦了。风速超过切出风速值的暴风造成的风力机停运，并不是由随机扰动引起的，因此它可能同时影响大量的风电机。

当系统中有较高的风电穿透水平时，风电对频率控制和负荷跟踪的影响变得更加严峻。风电穿透水平越高，风电对常规发电机面临的需求曲线的影响力越大。此时，为了与净需求曲线相匹配和保持系统频率波动（由于发电和负荷之间的不平衡引起）在可接受的范围内，必须严格要求这些发电机组的爬坡能力。因为不同电力系统之间常规发电机的构成、风速状况、风力机的地理分布、需求曲线和网络拓扑等有差别，要量化风电穿透水平和在这个穿透水平下发生的大范围系统影响是很困难的。

二、风电场在电力系统中的运行方式

以风力发电的运行方式分类，可以分为独立运行方式、互补运行方式和并网运行方式。

（1）独立运行方式 风电机组独立运行是一种比较简单的运行方式，用在边远农村、牧区和海岛等无法经济地联网供电的地区，为居民提供生活和生产所需的电力。但由于风能的随机性、不稳定性以及负荷的波动，风电机组在独立运行时所要解决的技术问题，包括电能供求平衡以及电能质量等，比并网运行难度更大。

（2）互补运行方式 互补运行方式主要有风电与柴油发电机、光伏发电以及小水电等的联合运行。联合发电系统旨在充分发挥各自的优势，实现优势互补。系统内的各类电源可以各自独立运行，也可并联运行。

（3）并网运行方式 并网运行是风电机与电网连接，向电网输送电能的运行方式。大、中型风电机都可接入电力系统的运行，此时风能的随机性、不稳定性以及负荷波动主要由大电网来补偿，即由电网为风电场提供了辅助服务。在风能资源丰富的地区建造大型风力发电场，风电机集群发出的电能全部经变电设备送往大电网，这是大规模利用风能的最佳方式。

第七章 风电场的规划与设计

风电场建设项目，其实施是一个较复杂的综合过程。风电场规划设计，属风电场建设项目的前期工作，需要综合考虑许多方面，包括风能资源评估、风电场选址、风电机组机型选择和设计参数、装机容量的确定、风电场风电机组微观选址、风电场联网方式选择、机组控制方式、土建及电气设备选择及方案确定、后期扩建可能性、经济效益分析等因素。其中，对风能资源进行精确的评估，则直接关系到风电场效益，是风电场建设成功与否的关键。本章就风能资源评估和风电场宏观选址和微观选址进行描述。

第一节 风能的特点

风能储量巨大，是太阳能的一种表现形式。风能是可再生的、对环境无污染、对生态无破坏的清洁能源。风能密度低是风能的弱点之一。在 1 个标准大气压（101325Pa）、0℃条件下，空气的密度是淡水密度的 1.293‰。风能与空气密度成正比，与风电机叶轮直径的平方成正比。因此，风电与水电相比，单位装机容量（kW）和单位发电量（kW·h）的机械设备较大，从而使风电度电成本增加。自然风是一种随机的湍流运动，风能的不稳定性也是风能的弱点之一。因此，风能的不稳定性也是促使风电度电成本增高的因素之一。

第二节 我国风能资源分布特点及开发

研究各个地区风能资源的潜力和特征，一般都用有效风能密度和可利用的年累积小时数两个指标来表示。根据全国各气象观测站的风速资料统计分析，得出全国风能密度及风速为 3～20m/s（图 7-1）、6～20m/s、8～20m/s 全年积累小时数的分布图。由于我国地形复杂，风能的地区性差异很大，即使在同一地区，风能也有较大的不同。由分布图可看出其分布特点，介绍如下。

一、风能丰富区

该区风能密度大于 200W/m²，3～20m/s 风速的年累积小时数大于 5000h；6～20m/s大于 2200h；8～20m/s 大于 1000h。主要集中在三个地区。

（1）东南沿海、山东和辽东半岛沿海及其岛屿：这一地区由于濒临海洋，风速较高，越向内陆风能越小，风力等值线与海岸线平行。这一区的风能密度是全国最高的，如平潭的风能密度可达 750W/m²，3～20m/s 的风速一年中最多可达 7940h（全年为 8760h），8～20m/s 也可达 4500h 左右。

风能的季节分配，东南沿海和台湾及其黄海、东海诸岛秋季风能最大，冬季次之；山

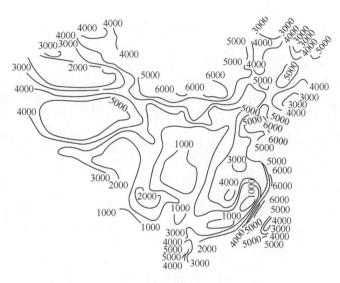

图 7-1　全年 3～20m/s 风速累积小时数分布图

东和辽东半岛春季风能大，冬季次之。

（2）内蒙古和甘肃北部：本区为内陆连成一片的最好的风能区域。年平均风能密度在个别地区如朱日和、虎勒盖尔可达 $300W/m^2$，3～20m/s 风速的年累积小时数可达 7660h 左右，6～20m/s 风速可达 4180h，8～20m/s 也可达 2294h。本区冬季风能最大，春季次之，夏季最小。

（3）松花江下游地区：本区虽然风能密度在 $200W/m^2$ 以上，3～20m/s 风速在 5000h 以上，但 6～20m/s 和 8～20m/s 风速较上述两区小，分别为 2000～3000h 和 800～900h。

二、风能较丰富区

该区的有效风能密度为 150～$200W/m^2$，3～20m/s 风速的年积累为 4000～5000h，6～20m/s 的为 1500～2200h，8～20m/s 的为 500～1000h。主要集中在三个地区，其中有两个地区是风能丰富区向内陆减小的延伸。

（1）沿海岸区：包括从汕头海岸向北沿东南沿海的 20～50km 地带（是丰富区向内陆的延展）到东海和渤海沿岸。该区风速 6～20m/s 的为 1500h，8～20m/s 的为 800h 左右。长江口以南，大致秋季风能大，冬季次之。

（2）三北的北部地区：包括从东北图们江口向西沿燕山北麓经河西走廊（是内蒙古北部地区向南延伸）过天山到艾比湖南岸，横穿我国三北北部的广大地区。该区除天山以北地区夏季风能最大、春季次之外，都是春季风能最大。其次东北平原的秋季、内蒙古的冬季、河西走廊的夏季风能最大。

（3）青藏高原中部和北部地区：该区的风能密度在 $150W/m^2$ 以上，但 3～20m/s 风速出现的小时数与东南沿海的丰富区相当，可达 5000h 以上，有些地区如茫崖可达 6500h。但该地区由于海拔高度较高（平均在 4000～5000m），空气密度较小，同样是 8m/s 风速，海拔 4.5m（如上海）时的风能密度比海拔 4507m（那曲）时高 40%，因此，在青藏地区（包括高山）利用风能时必须考虑空气密度的影响。该区春季风能最大，夏季次之。

三、风能可利用区

该区有效风能密度为 $50\sim150W/m^2$，$3\sim20m/s$ 风速年累积时数 $2000\sim4000h$，$6\sim20m/s$ 为 $500\sim1500h$。集中分布在三个地区。

(1) 两广沿海　在南岭之南，包括福建海岸 $50\sim100km$ 的地带。风能季节分配是冬季风能大，秋季风能次之。

(2) 大、小兴安岭山地　该区有效风能和累积时数是由北向南趋于增大，这与内蒙古地区由北向南减小不同。春季风能最大，秋季次之。

(3) 三北中部　黄河和长江中下游以及川西和云南一部分地区。东从长白山开始，向西穿过华北，经西北到新疆最西端。北从华北开始穿黄河过长江，到南岭北侧，和从甘肃到云南的北部，这一大区连成一片，约占全国面积的一半。由于该区只是在春、冬季风能较大，夏、秋季风能较小，故又可称为季节风能利用区。

四、风能欠缺地区

该区有效风能密度在 $50W/m^2$ 以下，$3\sim20m/s$ 风速的年累积时数在 $2000h$ 以下，$6\sim20m/s$ 在 $300h$ 以下，$8\sim20m/s$ 在 $50h$ 以下。集中分布在基本上四面为高山所环抱的三个地区。

(1) 以四川为中心，西为青藏高原，北为秦岭，南为大娄山，东面为巫山和武陵山等。

(2) 雅鲁藏布江河谷。

(3) 塔里木盆地西部。

由于这些地区四周的高山阻碍了冷暖空气的入侵，所以风速都比较低。最低的是在四川盆地和西双版纳地区，年平均风速在 $1m/s$ 以下，如成都风能密度仅为 $35W/m^2$ 左右，风速 $3\sim20m/s$ 的仅 $400h$，$6\sim20m/s$ 仅 20 多小时，$8\sim20m/s$ 在 1 年还不到 $5h$。因此这一地区除高山和峡谷等特殊地形外，基本上无风能利用价值。

上述四区的划分仅适于总的趋势，并不代表各区。中小地形的风能潜力，如吉林天池（海拔 $2670m$）处于风能可利用区内，事实上天池的年平均风速为 $11.7m/s$，居全国之冠，其风能应属最丰富。又如新疆的阿拉山口——艾比湖，和哈密西部的百里风区都属风能较丰富区，该地区 $3\sim20m/s$ 风速可达 $6000h$，实属风能丰富区。

我国幅员辽阔，地形十分复杂，局部地形对风能有很大影响。这种影响在总的风能资源图上显示不出来，需要根据具体情况进行补充测量和分析。

第三节　风能资源测量与评估

众所周知，风况是影响风力发电经济性的一个重要因素。风能资源的评估是建设风电场成败的关键所在。随着风力发电技术的不断完善，根据国内外大型风电场的开发建设经验，为保证风电机组高效率稳定地运行，达到预期目的，风电场场址必须具备有较丰富的风能资源。由此，风能资源的勘测和研究越来越被人们所重视。本节对风能资源测量及评估过程做一介绍。

一、风能资源评估步骤

对某一地区进行风能资源评估，是项目考察和项目建设前期所必须进行的重要工作。风能资源评估分如下几个阶段。

1. 资料收集、整理分析

项目考察、资料收集的过程是项目开发体系中技术人员与开发人员相互配合协调的重要步骤，之前必须与当地相关部门做好对接工作，技术人员做好工作计划。主要内容包括：从地方各级气象台、站及有关部门收集有关气象、地理及地质数据资料、电网接入情况、土地利用现状、周围风电发展情况等的数据（尽量收集周围已有测风塔的数据资料），对当地风资源资料进行分析和归类，从中筛选出具代表性的完整的数据资料；能反映某地气候的多年（10 年以上，最好 30 年以上）平均值和极值，如平均风速和极端风速、平均和极端（最低和最高）气温、平均气压、雷暴日数以及地形地貌等。

2. 风能资源普查及风电场的宏观分区

对收集到的资料进行进一步分析，划分风能区域及其风功率密度等级，初步确定风能利用率较高的区域。根据风能资源调查与分区的结果，选择最有利的场址，以求增大风电机组的出力，提高供电的经济性、稳定性和可靠性；最大限度地减少各种因素对风能利用、风电机组使用寿命和安全的影响；结合项目考察所获得的当地电力需求及交通、电网、土地使用、环境等资料，根据风能资源查勘结果，初步确定几个风能可利用区，分别对其风能资源进行进一步分析，对地形地貌、地质、交通、电网及其他外部条件进行评价，并对各风能可利用区进行相关比较，从而选出并确定最合适的风电场场址。这一般通过利用收集到的该区气象台、站的测风数据和地理地质资料并对其分析、到现场询问当地居民、考察地形地貌特征（如长期受风吹而变形的植物、风蚀地貌等手段）来进行定性，从而确定风电场场址。

3. 风电场风况观测

一般情况下，气象台、站提供的数据只是反映较大区域内的风气候，而且，由于仪器本身精度等问题，数据不能完全满足风电场精确选址及风电机组微观选址的要求。因此，为正确评价已确定风电场的风能资源情况，取得具有代表性的风速风向资料，了解不同高度处风速风向变化特点，以及地形地貌对风的影响，有必要对现场进行实地测风，为风电场的选址及风电机组微观选址提供最准确有效的数据。

现场测风可以在场区设立单个或多个测风塔来进行，时间至少 1 年以上，有效数据不得少于 90%。内容包括风速、风向的统计值和温度、气压等。测风塔的数量依地形和项目的规模而定。

二、实地测风

对测风塔安装位置的选择及其主要位置的确定，主要通过对各种地形下的风速变化机理进行分析，再结合当地地质情况、海拔和主导风向等给出测风塔安装的最佳位置，获得最有代表性的风能资源。

风速的测量一般采用风杯式风速计，这种风速计一般由一个垂直方向的旋转轴和三个风杯组成。风杯式风速计的转速可以反映风速的大小。一般情况下，风速计与风向标配合

使用，可以记录风速和风向数据，

机械式测风仪器（图 7-2）的优点在于可靠性高，成本低。但同时也存在机械轴承磨损的情况，因此需要定期检测甚至更换。另外，在结冰地区，需要安装加热设备防止仪器结冰。

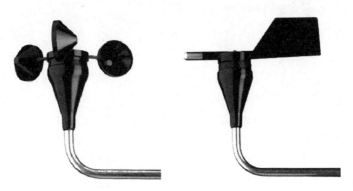

图 7-2　机械式风速仪和风向标

三、测风塔的选址

1. 测风塔选址的方法

对于前面工作中已确定的风电场区域，首先获取 1：50000 的风电场区域地形图，根据风电场区域给定的各个拐点坐标，确定风电场在地形图上的具体位置，并扩展到外沿 5km 的半径范围，根据等高线的多少、疏密和弯曲形状以及标注的高程等对风电场的地形地貌进行分析，确定风电场区域内的高差和坡度，找出影响风力变化的地形特征，如高山、丘陵以及其他障碍物。

2. 测风塔选址的原则

（1）主风向　主风向上没有障碍物。

（2）地形及山脉走势　分清总体地形及山体走势，需要 1：50000 地形图。

（3）代表性　能够代表周围地形。

（4）参照性　测风塔之间相互参照，不单指要有相关性，更要能体现在不同环境下的风资源差距，以看出几个地方能够相差多少。

（5）标定界限　明确风电场周围的土地权属，在需要的时候标定界限。

（6）中心位置　尽量考虑风电场的中心位置。

（7）风电场一期所在地　测风塔尽量安排在一期工程范围内。

（8）粗选和细选　粗选确定测风塔所在的大致位置，细选在粗选的基础上分清局部环境确定最终坐标。

3. 测风塔的安装要求

风电场测风塔安装时应设在最能代表风电场风能资源的位置上，需远离高大树木和障碍物。如果测风塔必须位于障碍物附近，则在盛行风向的下风向与障碍物的水平距离不应小于该障碍物高度的 10 倍处安装。如果测风塔必须设立在树木密集的地方，则至少应高出树木顶端 10m。安装数量根据地形特征应能满足风资源评价的要求，一般在风电场区域内安装 2 台以上测风塔。根据测风目的不同以及确定风速随高度的变化（风剪切效应），得到不同高度可靠的风速值，测风塔上需安装多层测风仪，一般安装位置选取 10m、30m、70m 及风电机组轮毂高度位置处。气压和温度，每个风电场场址只需安装一套气压传感器和温度传感器，其塔上安装高度为 2～3m（实际为 7m、10m）。测量内容为风速（m/s）、风向（°）、气压（hPa）、温度（℃）。

四、风能资源评估参数

建设风电场，选定合适的场址是至关重要的。场址选择的正确与否将直接关系到许多方面的因素，近则运输、施工、安装及环境等方面，远则将来的风电机组出力及产量，以至风电场效益。而这当中，风电机组发电量又是决定风电场效益好坏的最直接的决定因素。而要确定正确的风电场址，首先，进行精确的风能资源评估分析是非常关键的。只有对风能资源进行详细细致的考察评估并对其进行处理计算，才能了解当地的风势风况。风能资源分析评估是设计选择建设风电场的首要条件。以下为进行风能资源评估及风电场选址时所要考虑评价的几个主要指标及因素。

（1）平均风速　平均风速是最能反映当地风能资源情况的重要参数，分月平均风速和年平均风速。由于风的随机性，计算时一般按年平均风速来计算。年平均风速是全年瞬时风速的平均值。年平均风速越高，则该地区风能资源越好，安装风电机组的单机容量也相应可以提高，风电机组出力也好。一般来说，只有年平均风速大于 6m/s（合 4 级风）的地区才适合建设风电场。风能资源的统计分析及年平均风速的计算要依据该地区多年的气象站数据和当地测风设备的实际测量数据进行（气象资料数据要统计 30 年以上的数据，至少 10 年的每小时或每 10min 风速数据表，采样间隔为 1m/s；现场测风设备的实际测量数据统计方式要与气象站提供数据相一致，统计时间为至少 1 年）。

（2）风功率密度　由风能公式可知，风功率密度只和空气密度和风速有关。对于特定地点，当空气密度视为常量时，风功率密度只由风速决定。由于风速具有随机性，其每时每刻都在变化，故不能使用某个瞬时风速值来计算风功率密度，只有使用长期风速观察资料才能反映其规律。

风功率密度越高，则该地区风能资源越好，风能利用率也高。风功率密度的计算可依据该地区多年的气象站数据和当地测风设备的实际测量数据进行；也可利用 WAsP 软件对风速风向数据进行精确的分析处理后计算。

（3）主要风向分布　风向及其变化范围决定风电机组在风电场中的确切的排列方式。风电机组的排列方式很大程度地决定了各台风电机组的出力，从而决定风电场的发电效率。因此，主要盛行风向及其变化范围要精确。同平均风速一样，风向的统计分析也要依据多年的气象站数据和当地测风设备的实际测量数据进行。利用 WAsP 软件可对风向及其变化范围进行精确的计算确定。

（4）年风能可利用时间　年风能可利用时间是指一年中风电机组在有效风速范围（一般取 3～25m/s）内的运行时间。

第四节　风电场的宏观选址

风电场宏观选址即风电场场址选择，是在一个较大的地区内，通过对若干场址的风能资源和其他建设条件的分析和比较，确定风电场的建设地点、开发价值、开发策略和开发步骤的过程，是企业能否通过开发风电场获取经济利益的关键。风电场宏观选址是风电场开发的第一步，也是风电场开发的"根"！

一、风电场宏观选址的程序

(1) 参照国家风能资源分布区划，首先在风能资源丰富区内候选风能资源区，每个候选区应具备以下特点：有丰富的风能资源，在经济上有开发利用的可行性；具有足够的面积；具备良好的场地形、地貌。

(2) 将候选风能资源区再进行筛选，以确定其中有开发前景的场址。在这个阶段，非气象学因素，比如交通、通信、联网、土地投资等因素对该场址的取舍起着关键的作用。以上筛选工作须收集当地气象站的有关气象资料，灾害性气候频发的地区应该重点分析其建场的可能性。

(3) 对准备开发建设的场址进行具体分析，做好以下工作。

① 进行现场测风，取得足够精确的数据，至少取得一年的完整测风资料，以便对风力机发电量进行精确估算。

② 确保风能资源特性与待选风电机组设计的运行特性相匹配。

③ 进行场址初步工程设计，确定开发建设费用。

④ 确定风电机组输出对电网系统的影响。

⑤ 评价场址建设、运行的经济效益。

⑥ 对社会效益进行评价。

二、风电场宏观选址的基本原则

1. 风能资源丰富、风能质量好

风力发电场是依靠风电机组转化风能来进行发电的，所以建设风力发电场最基本的条件就是要有丰富的风能资源，并且风能质量好的地区。这些地区应该满足以下条件。

(1) 年平均风速较高而且可利用小时数高 一般平均风速达到 6m/s 以上，风速 3～25m/s 的累积小时数在 5000h 以上。

(2) 风功率密度大 年平均风功率密度大于 300W/m²。风功率密度是风在单位时间内垂直通过单位面积所做的功，即

$$w = \frac{E}{At} = \frac{1}{2}\rho v^3 \tag{7-1}$$

式中　w——风功率密度，W/m²

　　　　E——风的动能，N·m

　　　　A——面积，m²

　　　　ρ——空气密度，kg/m³

　　　　v——风速，m/s

　　　　t——时间，s

温度、气压、湿度及海拔的变化都会引起空气密度的变化，从而改变了风功率密度，由此改变风电机组的发电量。对于空气密度的计算采用式（7-2）。

$$\rho = \frac{1.276}{1 + 0.00366T} \times \frac{p - 0.378e}{1000} \tag{7-2}$$

式中　ρ——累年平均空气密度，kg/m^3

　　　p——累年平均气压，hPa

　　　e——累年平均水气压，hPa

　　　T——累年平均气温，℃

（3）盛行风向稳定　一般来说，根据气候和地理特征，某一地区基本上只能有一个或者两个盛行主风向且几乎方向相反，这种风向对风机排布有利。但是，也有可能出现风况较好，但没固定盛行风向，这种情况对风电机组排布会带来较多不便。选址考虑风向影响时，可根据风向玫瑰图和风能玫瑰图来选择盛行主风向。如图 7-3 风向玫瑰图，其主导风向在 30％以上地区可以认为是风向稳定区。

（4）风速的日变化、季节变化小　风电场选址时尽量不要选在有较大的风速日变化和季节变化的地区。我国属于季风气候，冬季风大，夏季风小。所以在风场选择时依据该地区平均风速的日变化曲线和年变化曲线来判断，如图 7-4、图 7-5 所示。

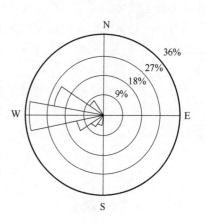

图 7-3　风向玫瑰图

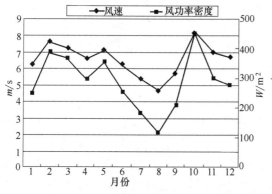

图 7-4　风速和风功率密度年变化曲线

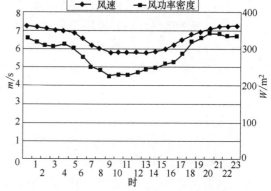

图 7-5　风速和风功率密度日变化曲线

（5）风切变要小　风机选址时要考虑地面粗糙度引起的不同风轮廓线，当风垂直切变非常大时，对风电机组运行十分不利。风切变是指风矢量在垂直方向上的空间变化。在近地面层中，空气运动受到地面的摩擦，其速度减少，离地面越高，摩擦越小，风速增大，故风速一般随高度而增大。风速与高度的关系，一般按幂律分布，即式（7-3）。

$$\frac{V_n}{V_1} = \left(\frac{Z_n}{Z_1}\right)^a \tag{7-3}$$

$$\alpha = \frac{\lg\left(\dfrac{V_n}{V_1}\right)}{\lg\left(\dfrac{Z_n}{Z_1}\right)} \tag{7-4}$$

式中　V_n——高度 n 处的风速，m/s

　　　V_1——参考高度处的风速，m/s

Z_n——离地高度，m

Z_1——参考处离地高度，m

α——地面粗糙度影响指数

准确计算得到预装轮毂高度处的风资源数据，是对风电场风资源评估及发电量估算的先决条件。但实际测风中测风仪器的安装高度并不是都与风机的轮毂高度完全一致，所以在估算风电机组发电量时需要根据测风塔的实际测风数据，利用风切变指数推算出实际轮毂高度的风速。风切变的计算准确性直接影响到风电场机组的选型、轮毂高度的选择，以及风电场产量是否达标。

（6）湍流强度要小 由于风是随机的，加之场地表面粗糙度和附件障碍物影响，由此产生的无规则的湍流会给风电机组带来无法预计的危害，如减小了可利用风能、使风电机组产生振动以及缩短风电机组寿命。因此，在选址时，要尽量避开粗糙地表，以及上风向地形有起伏和障碍物较大的地区。10min 湍流强度按照式（7-5）计算。

$$I_T = \frac{\sigma}{V} \tag{7-5}$$

式中 σ——10min 风速标准偏差，m/s

V——10min 平均风速，m/s

（7）极端风速小 风力机最大设计风速一般取当地最大风速。在此风速下，要求风力机能抵抗垂直于风的平面上所受到的压强，使风力机保持稳定、安全，不致产生倾斜或被破坏。由此极端风速大的地区，要求风电机组强度要高，成本就高，而且这种极端风速一旦出现，对风电机组的损害也是非常严重的。

（8）容量系数大 容量系数是指风机的年度电能净输出，也就是在真实负荷条件下的年度电能输出除以风机额定电容与全年运行的 8760h 的乘积，即：

$$C_f = \frac{\text{年度电能输出}}{\text{风电机组额定功率} \times 8760} \times 100\% \tag{7-6}$$

风力发电场选址于容量系数大于 0.3 的地区将会有明显的经济效益。

2. 符合国家产业政策和地区发展规划

结合风电场所在地区的经济现状及近、远期发展规划，电力系统现状及发展规划，以及地区能源供应条件，从发电和环境保护以及地区特点等方面论述工程的作用和意义。

3. 符合电网规划、负荷、接入条件

根据该地区特高压送出，省级、市县级电网网架结构及电网规划情况，以及电网容量、电压等级、网架结构、负荷特性和建设规划，合理确定风电场建设规模、开发时序，以保证风电场接的进、送的出、落得下。

4. 满足交通运输及施工安装条件

要考虑所选定的风电场交通运输情况，设备供应运输是否便利，运输路段及桥梁承载是否适合风机运输车辆等，风场的交通便利是否将影响风场建设。项目宏观选址阶段需要工程、成本相关人员配合完成现场勘查工作，给出专业性建议。

5. 避开极端气候及地质灾害区域

在选址中，应对某些对风机有影响的灾害天气予以考虑。灾害性天气包括强暴风、雷电、沙暴、夜冰、盐雾等。但是，选址时，有时不可避免地要将风机安装在这些地区，此时，在进行风机设计时就应该将这些因素考虑进去，要对历年来出现的冰冻、沙尘情况及出现频率进行统计分析，并在风机设计时采取相应措施。

6. 满足环境保护评价及土地占用要求

根据地区特点进行排查，规避自然保护区、林地属性、风机噪声等对环境有影响的因素，对拟选区域的基本农田、区域界线、非地等进行排查规避。另外风场对动物特别是对飞禽及鸟类有伤害，对草原和树林也有些损害。为了保护生态，在选址时应尽量避开鸟类飞行路线、候鸟及动物停留地带及动物筑巢区，尽量减少占用植被面积。

7. 项目有效利用面积、地形建设条件与项目理论容量的匹配度

要考虑风电场区域的复杂程度，地形单一、风机无干扰的在最佳状态运行；反之，地形复杂多变，产生扰流现象严重的地区，对风机出力不利。风电场选址时要考虑选定场址的土质情况，如是否适合深度挖掘（塌方、出水等）、房屋建设施工、风机基础施工等。要详细地反映该地区的水文地质资料，并依照工程建设标准进行评定。从长远看，风电场选址要远离地震带、火山频繁爆发区，以及具有考古意义及特殊使用价值的地区。另外，风机运行会产生噪声，风电场应远离人口密集区。

8. 满足投资收益率的要求

根据项目容量、拟选机型、发电量估算、建设条件、成本估算等对项目收益率进行初步估算，判断项目是否满足投资收益率最大的要求。

三、风电场宏观选址的步骤

1. 备选场址的初步确定

在一个较大范围内，如全国或一个省、一个县、一个电网辖区内，确定几个可能建设风场的区域，寻找备选场址，首先进行室内作业。

全国已经建成很多风电场，这些风电场的大致位置都可以在一些相关的网站和国家核准计划文件上找到，可以通过已建风电场的测风数据了解风速风向，或者发电运行情况，确定周围区域是否有开发前景、开发可能，比较拟选场址和已建场址的地形地貌，这是寻找备选场址的捷径。

中国气象科学研究院和一些地区的有关部门绘制了全国或地区的风能资源分布图，按照风功率密度和有效风速小时数进行了风能资源区划，还可以咨询一些有经验的风电场开发人员获得风能资料，也可以指导宏观选址。

通过上述两种途径可以大致确定拟选风电场场址。

2. 备选场址图上落实

在确定风电场大致范围的基础上，可以利用 Google earth 和 Global mapper 清晰地看到拟选风场范围的地形地貌和交通条件，这样可以在初步确定范围的基础上加以调整。可以从以下六个方面选择风资源较好的区域。

① 经常发生强烈气压梯度区域内的隘口和峡谷。

② 从山脉向下延伸的长峡谷。

③ 高原和台地。

④ 强烈高空风区域内暴露的山脊和山峰。

⑤ 强烈高空风，或温度、压力梯度区域内暴露的海岸。

⑥ 岛屿的迎风和侧风角。

3. 现场考察

现场考察这部分工作一般在 10 天左右考察 3~4 个有代表性的区域，作用是快速验证之前的结论是否正确及到现场查看是否有遗漏或者更好的区域可以选择。现场考察也能更好地把握地形条件，拟选的区域也有可能已经被其他单位圈定。现场考察时会出现许多没有预见到的问题，需根据不同的情况做出相应的抉择。宏观选址的现场考察需要做以下几方面的工作。

（1）现场判断风资源情况　可以通过上面提到的 6 个方面进行直观的判断，也可以通过以下方法进行实地判断。

① 植物变形判别法：植物因长期被风吹而导致永久变形的程度可以反映该地区风力特性的一般情况，特别是树的高度和形状，能够作为记录多年持续的风力强度和主风向的证据。树的变形受几种因素影响，包括树的种类、高度、暴露在风中的程度、生长季节和非生长季节的平均风速、年平均风速和持续的风向。已经发现年平均风速是与树的变形程度最相关的因素。

② 风成地貌判别法：地表物质会因风而移动和沉积，形成干盐湖、沙丘和其他风成地貌，表明附近存在固定方向的强风，如在山的迎风坡岩石裸露，背风坡砂砾堆积。在缺少风速数据的地方，利用风成地貌有助于初步了解当地的风况。

③ 当地居民调查判别法：有些地区由于气候的特殊性，各种风况特征不明显，可通过对当地长期居住居民的询问调查，定性了解该地区风能资源的情况。

（2）应该仔细考察拟选区域的地形地貌　收集拟选场址周围地形图，可以从场址对应的 Global mapper 地图上分析地形情况。场址选择时在主风向上要求尽可能开阔、宽敞，障碍物尽量少，没有高大障碍物如高大的山脉、建筑物，粗糙度低，对风速影响小；另外，应选择地形比较简单的场址，场址内地形起伏太大、沟壑多，不利于设备的运输、安装和管理，装机规模也受到限制，难以实现规模开发，场内交通道路投资相对也大。

（3）应仔细考察拟选区域的土地属性情况。风电场选址时应注意与附近居民、工厂、企事业单位保持适当距离，尽量减小噪声污染；应避开矿藏、地下输油管道和通信线路、自然保护区、军事基地、珍稀动植物区以及候鸟保护区和候鸟迁徙路径等法律法规保护的区域；尽量不把规划区域选在基本农田、森林茂密的地区，而选在盐碱地、荒地、草地等区域。

（4）应该仔细考察拟选区域的交通条件。风能资源丰富的地区一般都在比较偏远的山区，如山脊、戈壁滩、草原、海滩和海岛等，大多数场址需要拓宽现有道路并新修部分道路，以满足设备的运输。在风电场选址时，应了解风电场周围的交通运输情况，尽量选择那些离已有公路较近，对外交通方便的场址，以利于减少道路的投资。

（5）如有条件，可以向周围的气象站了解当地的大致风向、大风月和小风月。对变电站进行考察，了解电网的负荷消纳情况、未来电网的规划情况，向相关部门咨询，收集相关资料。

（6）如有机会可以对周围已建风场情况进行考察，对风场的位置、风机的排布、风机运行情况、风电的输出都可以考察，这些资料和信息可以直接用于判断拟选区域的风资源情况，为拟选区域的选择与否起到至关重要的作用。

4. 圈定意向区域

在现场考察收集到资料的基础上，对考察之前拟选的意向区域进行修正，与之前的判断相一致的将作为意向区域；与判断不一致不够理想但稍加修改或者移动后能满足要求的，修改后作为意向区域；拟选区域已经被其他单位占据或者拟选区域风资源情况不满足要求的舍弃。

第五节　风电场的微观选址

风电场微观选址即风电机组位置的选择。通过对若干方案的技术经济比较，在确定的风电场区域选择合适的风电机组和风电场容量，使用合适的方法选定每台风电机的位置，最终的目标是使风电场项目获得最大的经济效益，机组运行载荷小和建设成本最低。

一、风电场微观选址的基本原则

（1）尽量减小风电机组之间的尾流影响。有关研究成果表明，对于单台风电机组，如果叶轮直径记为 D，那么风流经风轮后 $2D \sim 3D$ 位置处，风速减少 $35\% \sim 45\%$，在风轮 $8D$ 处，风速减少约 10%；风经过风轮后产生的尾流直径也会随着流动距离的增大而增大，在距风轮 $8D \sim 10D$ 位置处尾流直径增加到 $2.6D \sim 2.8D$。对于行距为 $8D \sim 11D$、列距为 $2D \sim 3D$ 的布置，第二排的能量损失在 $10m/s$ 时为 $8\% \sim 20\%$。在平坦地区进行的 7 行布置的风电场的测量，其行距为 $9D$，列距为 $2D$，第七排比第一排能量约损失 20%。

（2）值得注意的是，多行多列布置的能量损失，和地形、地面粗糙度也有关系，所以上述试验只是给人们一个概念。要减小尾流影响，就要增加风电机组之间的距离。这和集中布置的原则是矛盾的。方案比较就要在矛盾中寻求最优。

（3）一般而言，机组布置的行距为 $3D \sim 5D$，列距为 $5D \sim 9D$。单行风电场的风电机最小列距为 $3D$，多行风电场的风电机最小列距为 $5D$。风向集中的场址列距可以小一些，风向分散的场址列距就要大一些。多行布置时，呈梅花形布置尾流影响要小一些。

（4）满足风电机组的运输条件和安装条件。在平坦地形条件下，满足这一原则是很容易的；在山区，满足这一原则经常有难度。要根据所选机型需要的运输机械和安装机械的要求，机位附近要有足够的场地能够作业和摆放叶片、塔筒，道路有足够的坡度、宽度和转弯半径使运输机械能到达所选机位。

（5）视觉上要尽量美观。在与主风方向平行的方向上成列，垂直的方向上成行。行间平行，列距相同。行距大于列距发电量较高，但等距布置在视觉上较好。追求视觉上的美观，会损失一定的发电量，因此在经济效益和美观上，也要有一定的平衡。

二、风电场微观选址的基本方法

风电场微观选址方法受风电场所在区域地形情况和主导风向影响较大，不同地形和风向所采取的选址方法不同。

1. 简单地形的风电场

简单地形可以定义为在风电场区及周围 5km 半径范围内其地形高度差小于 50m，同时地形最大坡度小于 3° 的地形。实际上，对于周围特别是场址的盛行风的上（来）风方向，没有大的山丘或悬崖之类的地形，仍可作为平坦地形来处理。

对于简单地形，风电场可以简单按排布规则进行排布，比如非常平坦且开阔的草原和戈壁滩，采用"梅花形排法"。前后排的距离 H 通常等于 5～10 倍的叶轮直径；垂直主风向的相邻两台风机距离 L 通常等于 3～5 倍的叶轮直径。如图 7-6 所示。

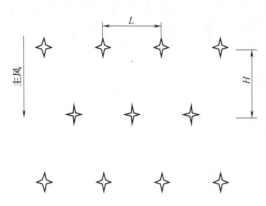

图 7-6 简单地形风电机组排布方法

2. 复杂地形

复杂地形是指平坦地形以外的各种地形，大致可以分为隆升地形和低凹地形两类。局部地形对风力有很大的影响。这种影响在总的风能资源分区图上无法表示出来，需要通过对风电场测风数据处理，结合实地测绘地图，选择多种不同排列间距，使用相关风电场微观选址软件进行结合处理，最终选择最佳的排布方案。

复杂地形下的风力特性分析是相当困难的。但如果了解了典型地形下的风力分布规律和特性，就可以进一步分析复杂地形下的风电机组布置方法。

（1）山区风的水平分布和特点　在一个地区自然地形的提高，风速可能提高。但这不只是由于高度的变化，也是由于受某种程度的挤压（如峡谷效应）而产生了加速作用。在河谷内，当风向与河谷走向一致时，风速将比平地大；反之，当风向与河谷走向相垂直时，气流受到地形的阻碍，河谷内的风速大大减弱。新疆阿拉山口风区，属中国有名的大风区，因其地形的峡谷效应，使风速得到很大的增强。山谷地形由于山谷风的影响，风将会出现较明显的日或季节变化。因此选址时需考虑到用户的要求。一般地说，在谷地选址时，首先要考虑的是山谷风走向是否与当地盛行风向相一致。这种盛行风向是指大地形下的盛行风向，而不能按山谷本身局地地形的风向确定。因为山地气流的运动，在受山脉阻挡的情况下，会就近改变流向和流速，在山谷内风多数是沿着山谷吹的。然后考虑选择山谷中的收缩部分，这里容易产生狭管效应，而且两侧的山越高，风也越强。另一方面，由于地形变化剧烈，所以会产生强的风切变和湍流，在选址时应该注意。

（2）山丘、山脊地形的风电场　对山丘、山脊等隆起地形，主要利用它的高度抬升和它对气流的压缩作用来选择风电机组安装的有利地形。相对于风来说展宽很长的山脊，风速的理论提高量是山前风速的 2 倍，而圆形山包为 1.5 倍，这一点可利用风图谱中流体力学和散射实验中试验所适应的数学模型得以认证。孤立的山丘或山峰由于山体较小，因此气流流过山丘时主要形式是绕流运动。同时山丘本身又相当于一个巨大的塔架，是比较理想的风电机组安装场址。国内外研究和观测结果表明，在山丘与盛行风向相切的两侧上半部是最佳场址位置，这里气流得到最大的加速；其次是山丘的顶部。应避免在整个背风面及山麓选定场址，因为这些区域不但风速明显降低，而且有强的湍流。

（3）海陆对风的影响　除山区地形外，在风电机组选址中遇到最多的就是海陆地形。

由于海面摩擦阻力比陆地要小，在气压梯度力相同的条件下，低层大气中海面上的风速比陆地上要大。因此各国选择大型风电机组位置有两种：一是选在山顶上，这些站址多数远离电力消耗的集中地；一是选在近海，这里的风能潜力比陆地大 50% 左右，所以很多国家都在近海建立风电场。

从上面对复杂地形的介绍及分析可以看出，虽然各种地形的风速变化有一定的规律，但做进一步的分析还存在一定的难度，因此，应在当地建立测风塔，利用实际风和测量值来与原始气象数据比较，做出修正后再确定具体方案。

三、风电场微观选址的步骤

风电机组的布置和发电量的计算，一般都借助于 WAsP 和 WindFarmer 两个软件。具体步骤如下。

① 确认风电场可用土地的界限。

② 结合地形、地表粗糙度和障碍物等，利用风电场测站所测的并经过订正的测风资料，在风电场范围内绘制出一定轮毂高度的风能资源分布图。

③ 根据微观选址的基本原则和风电场的风能资源分布图，拟定若干布置方案，并用软件对各方案进行优化。

④ 对各方案的发电量、尾流影响、投资差异及其他相关因素进行经济技术综合比较，确定最终的布置方案，绘制风电机组布置图。

四、机组选型与布置

1. 风电机组选型

（1）风能资源分析　通过对测风塔的数据进行分析，得出代表 50～80m 高度的年平均风速、风功率密度。根据《风电场风能资源测量方法》（GB/T 18710—2002）可以判断风功率密度等级，一般来说，风功率密度达到 3 级以上，风电场才有开发价值。各测风塔的风能主要集中于某几个扇区，盛行风向稳定，才有利于风能资源的有效利用。根据风电场 65～85m 轮毂高度处 50 年一遇的最大风速，风电场风机轮毂高度处 15m/s 风速区间的湍流强度，判定风电场工程可以选择的风电机组类别。

（2）机型范围初选

① 满足场址的气候条件：在 GB 18451.1—2016 及 IEC 61400-1：1999《风电机组安全要求》中，根据轮毂高度的年平均风速、50 年一遇 10min 平均最大风速、湍流强度等，将风电机组分为 4 个等级，同时还有一个特殊设计的 S 级，如表 7-1 所示。应根据场址的风况选择安全的等级级别。此外还应根据气温范围确定选用标准型或低温型机组。沿海和海岛地区，需注意是否对防腐和绝缘性能提出特殊要求。

表 7-1　　　　　　　　　　　　各风电机组基本参数

风电机组等级	Ⅰ级	Ⅱ级	Ⅲ级	S级
$V_{ref}/(m/s)$	50	42.5	37.5	由设计者规定各参数
A　$I_{ref}(-)$	0.16	0.16	0.16	由设计者规定各参数
B　$I_{ref}(-)$	0.14	0.14	0.14	由设计者规定各参数
C　$I_{ref}(-)$	0.12	0.12	0.12	由设计者规定各参数

② 满足单机功率要求：国内外风电场工程的经验表明，在现有的技术条件下，对于一个已知场区的风电场，单机容量选择在某个确定的范围内，项目的经济性会相对较高。在进行单机容量选择时，首先应确定一个适合于本项目的容量范围，然后在该范围内选择

一种技术成熟、市场业绩良好并且经济性较高的机型。

③ 风力机的类型

a. 风轮输出功率控制方式：风轮输出功率控制方式分为失速调节和变桨距调节两种。两种控制方式各有利弊，各自适应不同的运行环境和运行要求。变速变桨距机型比定速定桨距机型更具优越性，它不仅在低风速时能够根据风速变化，在运行中保持最佳叶尖速比以获得最大风能；也能在高风速时根据风轮转速的变化，储存或释放部分能量，提高传动系统的柔性，使功率输出更加平稳。从目前市场情况看，采用变桨距调节方式的风电机组居多。

b. 风电机组的运行方式：风电机组的运行方式分为变速运行与恒速运行。恒速运行的风电机组的好处是控制简单，可靠性好；缺点是由于转速基本恒定，而风速经常变化，因此风电机组经常工作在风能利用系数（C_p）较低的点上，风能得不到充分利用。

变速运行的风电机组一般采用双馈异步发电机或多极永磁同步发电机。变速运行方式通过控制发电机的转速，能使风力机的叶尖速比接近最佳，从而最大限度地利用风能，提高风电机组的运行效率。

c. 发电机的类型：发电机的类型包括异步发电机、双馈感应型发电机和多极永磁同步发电机。风电机大多采用普通的异步发电机，正常运行中在发出有功功率的同时，需要从电力系统吸收一定的无功功率才能正常运行（机端的电容补偿只能减少从电力系统吸收无功功率的数量）。双馈感应型风电机的功率因数（$\cos\varphi$）可以在$-0.95\sim+0.95$变化，也就是说可以根据电网的需要发出或者吸收无功功率，改善当地电网的电压质量，提高电力系统的稳定水平。

d. 风电机的传动方式：风电机的传动方式包括齿轮传动方式与无齿轮箱直驱方式。目前，风电机大多采用齿轮传动，成本较低。但是降低了风电转换效率、产生噪声，是造成机械故障的主要原因，而且为了减少机械磨损，需要润滑清洗等定期维护。采用无齿轮箱的直驱方式有效地提高了系统的效率以及运行可靠性，但同时也提高了电机的设计成本。

（3）轮毂高度优化　计算各机型不同轮毂安装高度下的发电量，随着轮毂高度的增加，发电量增加的同时，风机与塔架的运输与安装难度增大，塔筒与基础加固引起的基本投资增加。结合各风机厂家现在的生产情况、技术成熟程度和装机运行安全可靠性等因素，对不同机型不同轮毂高度的发电量与经济性进行综合比较，确定候选机型的最优轮毂安装高度。

（4）风电机组的布置　布置机位时需要考虑地形地貌、主导风向与主导风能方向、地面障碍物等影响因素。具体布置时需因地制宜，根据风电场地形条件、建设规模、风电机组备选型号及装机的台数进行优化布置，实现在有限的场区范围内达到最大的上网发电量和最低成本的目标。

在软件优化的基础上手工调整风机位置，调整风机与防护林、村庄、线缆等地物之间的距离，考虑风机的相对集中布置，同时将尾流效应控制在合理范围内，以充分利用土地资源与风资源，减少集电线路长度，方便运输安装。

（5）不同机型发电量估算

① 年理论发电量及单机尾流的计算：根据各机型单一机组的布置方案，利用软件，

计算各种风机的年净发电量（尾流折减后），并计算风电机组的尾流损失。

② 空气密度修正系数：由于风功率密度与空气密度成正比，在相同的风速条件下，空气密度不同则风电机组出力不一样，风电场年上网电量估算应进行空气密度修正。因此需要对软件在标准空气密度条件下计算得到的发电量进行修正。原理上可根据风功率密度与空气密度成正比的特点，将标准空气密度对应下的功率曲线估算的结果乘以空气密度修正系数进行空气密度修正。当实测空气密度偏离标准空气密度较大时，按正比关系进行修正的误差较大。

根据风电场具体风资源情况，结合各机型的功率曲线，计算不同机型在对应轮毂高度处能达到额定功率前的理论发电量所占比例，仅对风机满发前的发电量按照空气密度正比关系修正进行折减。

③ 控制和湍流折减：风电机组随风速风向的变化不断调整机组的运行状态，实际运行中机组控制总是落后于风的变化，使风机的输出功率减小。根据风电场湍流强度值的大小情况，对控制和湍流折减系数取值，控制和湍流系数一般取 97% 左右。

④ 叶片污染折减：叶片表层污染使叶片表面粗糙度提高，翼型的气动性能下降。根据风电场风沙、降雨量大小、夏季昆虫多少、冬季叶片结冰等情况，判断可能造成的叶片污染程度，对叶片污染折减系数取值，一般污染系数取 97% 左右。

⑤ 风电机组利用率：风力机维护的好坏直接影响到发电量的多少和经济效益的高低；风力机本身性能的好坏，也要通过维护检修来保持。维护工作可以及时有效地发现故障隐患，减少故障发生的概率，提高风机运行效率。风机维护可分为定期检修和日常排故维护两种方式。考虑风电机组故障、检修对发电效率的影响，将常规检修安排在小风月。根据目前风电机组的制造水平和已建风电场的运行经验，一般风电场风电机组的可利用率为 95%。

⑥ 功率曲线折减：考虑到风电机组厂家对功率曲线的保证率一般为 95%，在计算发电量时应予以考虑，因此取风电机组功率曲线保证率 95%。

⑦ 场用电、线损等能量损耗：根据风电场地形复杂程度，地势起伏情况，集电线路能量损耗大小，估算场用电和输电线路、机组变电站损耗占总发电量的百分比，一般能量损耗系数为 95% 左右。

⑧ 气候影响停机：根据风电场区域冬季低温气温天数、风电机组适应的温度范围等情况，当风电场的气温超出它的适应范围，风机将不再发电。低温环境下，风机的运行效率有所下降，且风机停机再启动需要温度回升区间。另外当气温下降到 −10℃ 时风机的润滑系统也将会受到影响，0℃ 以下叶片表面结冰也会影响风机翼型的气动性能，使发电量降低。一般北方寒冷地区风电场低温气候影响折减按 95% 左右考虑。

⑨ 年上网电量测算：根据风电场各种机型风机年理论发电量扣除上述发电量损失，即得出年上网发电量。从发电量指标的角度，对各种机型进行比较。

（6）机型推荐

① 不同机型综合经济比较：评价一种机型的优劣，不能仅从发电量和等效利用小时来考虑，应综合经济指标来评价。除发电量外，风电机组的价格、塔架、底座、箱变、电缆、公路以及变电站等也都是影响机型方案选择的重要因素。对风电机组进行综合指标比较，以最终确定风电场机组选型。

② 机型选择推荐意见：主要考虑三个因素：一是所推荐机型方案的发电量指标优越；二是该方案投资经济指标合理，抗风险能力强；三是该方案上网电价低，即考虑综合技术经济指标优越的机型方案。

根据风机在发电量、机组投资、上网电价等各项综合指标上的明显优势，推荐一种风机作为选择方案，以此作为进一步工程设计的依据。

2. 风电机组布置

（1）风电机组布置的基本原则　根据风向和风能玫瑰图，以风机间距满足发电量较大、尾流影响较小为原则。

风电机的布置应根据地形条件，充分利用风电场的土地和地形，恰当选择机组之间的行距和列距，尽量减少尾流影响，并结合当地的交通运输和安装条件选择机位。

考虑风电场的送变电方案、运输和安装条件，力求输电线路长度较短，运输和安装方便。各风机之间不宜过分分散，应便于管理，节省土地，充分利用风力资源。

（2）风电机组布置指导原则

① 盛行主风向为一个方向或两个方向且相互为反方向时，风电机组排列一般为矩阵式分布。风电机组群排列方向与盛行方向垂直，前后两排错位（图7-7）。

② 当场地存在多个盛行方向时，风电机组排布一般采用"田"或圆形分布（图7-8）。

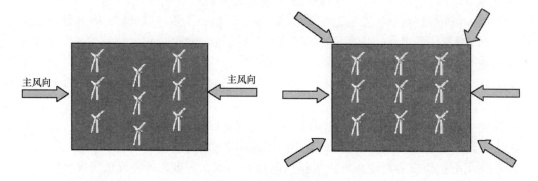

图7-7　单一风向的风电机组排布方式　　　　图7-8　多个风向的风电机组排布方式

③ 风电场布置风电机组时，在行距（盛行风向）上要求机组间相隔5～9倍风轮直径，在列距（垂直于盛行风向）上要求机组间相隔3～5风轮直径（图7-9）。

（3）风电机组布置推荐方案　对优选的机型进行进一步优化布置，考虑整体规划的影响，以获得较大发电量和最优经济效益为原则，既要保证风机间距以减小尾流损失，又要考虑风机的相对集中布置以减少集电线路及道路的投资；不仅考虑每个机位最优，而且考虑各风机之间的相互影响与风机长期稳定运行的安全性，从而保证整个风电场的发电量最大，效益最好。

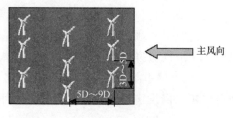

图7-9　风电机组行列距基本要求

参 考 文 献

［1］ 林景尧，王汀江，祁和生. 风能设备使用手册 ［M］. 北京：机械工业出版社，1992.

［2］ 陈云程，陈孝耀，朱成名，等. 风力机设计与应用 ［M］. 上海：上海科学技术出版社，1990.

［3］ 徐大平，柳亦兵，吕跃刚. 风力发电原理. 北京：机械工业出版社，2011.

［4］ Tony Burton, Nick Jenkins, David Sharpe, 等著，武鑫译. 风能技术. 北京：科学出版社，2014.

［5］ 姚兴佳，宋俊. 风力发电机组原理与应用，第 2 版. 北京：机械工业出版社，2011.

［6］ 马宏革，王亚非. 风电设备基础. 北京：化学工业出版社，2012.

［7］ 任清晨. 风力发电机组工作原理和技术基础. 北京：机械工业出版社，2010.

［8］ 王亚荣. 风电发电与机组系统. 北京：化学工业出版社，2013.

［9］ 卢为平. 风力发电基础. 北京：化学工业出版社，2011.

［10］ 姚兴佳，田德. 风力发电机组设计与制造. 北京：机械工业出版社，2012.

［11］ 金黎明，王永润. 液压与气动技术简明教程. 北京：机械工业出版社，2013.

［12］ 汤晓华，黄华圣. 风力发电技术. 北京：中国电力出版社，2014.

［13］ 候雪，张润华. 风力发电技术. 北京：机械工业出版社，2014.

［14］ 霍志红，郑源，左潞，等. 风力发电机组控制技术. 北京：中国水利水电出版社，2010.

［15］ 叶杭冶. 风力发电机组的控制技术. 北京：机械工业出版社，2002.

［16］ 汤蕴璆. 电机学. 北京：机械工业出版社，2012.

［17］ 杨校生. 风力发电技术与风电场工程. 北京：化学工业出版社，2012.

［18］ 胡宏彬. 风电场工程. 北京：机械工业出版社，2014.

［19］ 宫靖远. 风电场工程技术手册. 北京：机械工业出版社，2004.

［20］ 刘永前. 风力发电场. 北京：机械工业出版社，2013.

［21］ 曹云. 风电场规划设计与施工. 北京：中国水利水电出版社，2009.

［22］ 叶杭冶. 风力发电系统的设计、运行与维护. 北京：电子工业出版社，2010.

［23］ 高虎，刘薇，王艳. 中国风资源测量和评估实务. 北京：化学工业出版社，2009.

［24］ 王建录，赵萍，林志民，等. 风能与风力发电技术，第 3 版. 北京：化学工业出版社，2015.

［25］ 华能国际电力股份有限公司. 风力发电场标准化设计. 北京：中国电力出版社，2014.

［26］ 华能国际电力股份有限公司. 风力发电场初步设计. 北京：中国电力出版社，2014.